【青少年探索·发现之旅丛书】

大自然 发现之旅

膳书堂 文化 编著

中国地图出版社
中华地图学社

图书在版编目(CIP)数据

大自然发现之旅/膳书堂文化编著.—上海：中华地图学社，2013.6（2020.8重印）

(青少年探索·发现之旅丛书)
ISBN 978-7-80031-752-1

Ⅰ.①大… Ⅱ.①膳… Ⅲ.①自然科学－普及读物 Ⅳ.①N49

中国版本图书馆CIP数据核字(2013)第100946号

策划制作：膳书堂文化
责任编辑：宋永军
封面设计：红十月设计室

青少年探索·发现之旅丛书
大自然发现之旅

出版发行：中国地图出版社 中华地图学社		经　销：新华书店	
社　　址：上海市武宁路419号A座6楼		印　张：10	
邮政编码：200063		版　次：2013年6月第1版	
网　　址：www.diyiditu.com		印　次：2020年8月北京第6次印刷	
成品规格：170mm×230mm		定　价：29.80元	
印刷装订：北京一鑫印务有限责任公司			

书　　号：ISBN 978-7-80031-752-1
如发现印装质量问题，请与承印厂联系调换。

P 前言
reface

大自然像有一双巧手的姑娘，总是能创造出美不胜收的景色。

您如果不相信，就请打开这本《大自然发现之旅》，这里朴实的文字会把您带到世间每一个拥有美丽景色的地方，那样的奇美和不可思议，会让您的心灵陶醉，让您难以呼吸。

如果没有到过撒哈拉沙漠亲自去感受它的广阔与神秘，以及浓郁的文化色彩；如果没有亲身经历过攀爬珠穆朗玛峰的艰辛和喜悦，以及那份心底里的骄傲；如果没有去过夏威夷感受淡淡的海风，看漂亮的姑娘在柔软的沙滩上为您翩翩起舞；如果没有亲身穿行过亚马孙的神秘体验，那么您就不妨读一读这本书，会带给您身临其境的感觉。

人类的好奇心总是会让人有去亲近自然的冲动，旅行成为一种最好的途径，大自然缔造的优美让人怦然心动、流连忘返，如果您对想去观赏的地方没有足够的了解，如果您是第一次想要旅行，或者您正缺少一本旅行的指南，那么《大自然发现之旅》会是您的最佳选择。

目录 Contents

第一章 亚 洲

香格里拉——人间的伊甸园 / 2

珠穆朗玛峰——地球的第三极 / 5

黄山——极目无穷尽 / 8

神农架——华中的屋脊 / 11

雁荡山——灵奇聚集的地方 / 13

金沙江——汹涌澎湃三千里 / 15

雅鲁藏布江大峡谷

——最后的秘境 / 17

祁连山——开满鲜花的大草原 / 21

月牙泉

——留在沙漠中的一滴眼泪 / 23

西沙群岛——海上丝绸之路 / 25

攀牙湾

——东南亚的世外桃源 / 29

贝加尔湖

——西伯利亚的蓝眼睛 / 31

长白山——博大之美 / 33

金刚山——朝鲜半岛第一山 / 35

济州岛——韩国的夏威夷 / 37

富士山——日本的圣山 / 40

红海——红色的海洋之花 / 42

死海——地球心窝的一汪泪水 / 44

第二章 欧 洲

阿尔卑斯山

——天使迷恋的地方 / 47

维苏威火山——愤怒的火焰 / 51

易北河——中欧的航运脊梁 / 53

比利牛斯山——天然的大屏障 / 55

黑森林——梦幻之林 / 58

挪威北角——世界的尽头 / 59

罗弗敦群岛——罗弗敦之墙 / 60

科莫湖——美丽的米兰后花园 / 61

挪威峡湾——最美的破碎海岸 / 64

巨人之路

——大自然的鬼斧神工 / 68

棉花堡——白色的梯田温泉 / 71

冰岛——在寒冷中绽放 / 73

日内瓦湖——清凉的人间仙境 / 75

英格兰湖区——湖畔诗人的爱 / 78

第三章 非洲
80

撒哈拉沙漠

——沙漠之海和灵魂的栖息地 / 81

图尔卡纳湖——人类的摇篮 / 84

东非大裂谷——大地的伤疤 / 86

维多利亚瀑布

——惊天动地的壮美 / 89

卡盖拉国家公园

——美丽的动物世界 / 92

好望角——风暴中的岬角 / 94

乞力马扎罗山

——高耸的火山丘 / 96

刚果河

——流经地球表面的蜿蜒丝带 / 98

西非原始森林

——大自然的宝库 / 101

尼罗河——埃及的母亲河 / 103

第四章 美洲
105

育空地区——美丽到无法形容 / 106

野牛跳崖处——史前的牛塚 / 108

大雾山——朦胧的人间仙镜 / 110

大沼泽地

——和谐的生命栖息地 / 112

夏威夷——浪漫海上花 / 114

格陵兰岛——冰冻的绿色土地 / 117

百内国家公园——蓝色的众峰 / 119

黄石公园——视觉的盛宴 / 121

阿切斯岩拱——大自然的雕塑 / 124

目录 Contents

科罗拉多大峡谷
——亿万年的寂寥 / 126

冰川国家公园
——北美大陆的分水岭 / 128

的的喀喀湖
——印第安人的圣湖 / 130

尼亚加拉瀑布
——水雾中的少女 / 132

化石林——绚丽的斑斓魅影 / 134

猛犸洞穴——西半球的奇观 / 136

第五章 大洋洲 138

昆士兰
——海滩雨林和蓝天艳阳 / 139

弗雷泽岛——人间天国 / 141

蓝山山脉——蓝色的精灵 / 144

大堡礁——海上的奇葩 / 147

塔希提岛
——太平洋上的明珠 / 149

岩塔沙漠
——沙漠里的孤独守望者 / 150

波拉波拉岛
——最性感的小岛 / 152

青少年探索·发现之旅

第一章
亚 洲

亚洲是世界七大洲中面积最大的洲,地跨寒、温、热带,气候类型复杂,造就了风景的多样与美丽。无论怎样的笔墨都无法把亚洲的美丽与雄奇描述详尽。

香格里拉——人间的伊甸园

香格里拉仿佛是上帝不小心留在人间的一块瑰丽的宝石，美丽风华，这里是一片让人心灵迷醉的世外桃源。来到这里你就想留下来……

"香巴拉"是藏语的音译，又译为"香格里拉"。"香巴拉"的传说产生于很早以前的人类原始部落时期，在藏文与有关书籍中，详细描述了香巴拉王国的情形，并记载了香巴拉的奥秘与历史。在广大藏区有关香巴拉的传说，早已成为各类艺术作品的题材，如绘画、唐卡、音乐、民间歌舞等。香巴拉是人们向往追求的佛国在人间的理想净土。

"香格里拉"之词，意为"心中的日月"，是永恒、和平、宁静的象征。她本身蕴涵了泛香格里拉地区藏族远古文明的精华所表现出的清新、平和的韵味，同时又蕴涵了藏传佛教中的精品——香巴拉的意义，是世界寻求和平安宁环境的人们渴求的理想境界，是人神共有，人与自然和谐共生的美好境界。

苍莽的原始森林分布在雪峰下，四周雪山环绕，白雪皑皑的雪峰高耸入云。雪山怀抱着广阔的草原，草原被清澈的江河分为八块，象征着八瓣莲花铺地。在这宁静、富庶的地方，有淳朴的人们，有辉煌的寺庙，有祥和美丽的日光城、月光城。人与人之间，人与自然之间和谐而宁静。

☆ 秋天的属都湖

香格里拉因为有雪山、雪原而瑰丽，那些散落于雪原之间、拥有迷人风光的湖泊草甸是香格里拉留住人们心灵的神秘"法宝"。碧塔海、属都湖、纳帕海……那一泓泓碧水犹如珍珠般镶嵌在迪庆的崇山峻岭之中。湖岸山峦起伏、森林葱茏、山石峻峭，湖水洁净、波光粼粼，湖畔一带四季花繁叶茂，犹如童话世界。

秋天的属都湖，美得让人倾倒。她宁静、清澈，没有丝毫世俗的污染，流连于此，你的心就完全属于她了。属都湖四周青山郁郁，湖水清澈透亮，原始森林遮天蔽日，置身其中，自觉高原的宁静和悠闲的生活情趣。

迪庆

迪庆被誉为歌舞之乡，被国际音乐界视为"圣地"。藏族的中甸锅庄舞、维西塔城热巴舞、德钦弦子舞、傈僳族的对脚舞等，各具特色；藏族的丹巴舞、格冬节宗教色彩浓郁，耐人寻味；藏历新年、五月赛马节、傈僳族的阔时节和纳西族的"二月初八朝白水"等民族节日热闹非凡，令人流连忘返。多种民族风情、民俗独具特色，民族服饰、饮食风格多样，礼仪

内涵丰富,甚至丧葬形式都极具神奇色彩。

人与自然的和谐相处,保持了数万年的生态。人们将山敬为神山,水视为圣水,湖为仙湖,树为神树,不轻易触动一草一木,并演绎出一整套极度崇奉自然的风俗习惯。

碧塔海

碧塔海的藏语意思是"像牛毛毡一样柔软的海"。碧塔海是一颗名副其实的"高原明珠"。高山临湖,山光水色融为一体,真可谓"半湖青山半湖水"。湖的一岸,淳朴的康巴汉子牵牦牛于湖泊硕大的草甸旁引吭高歌,细听之下,比现代都市中的流行巨星更具震撼力。还有夏日的纳帕海,盛开的鲜花使草甸如同一片彩色的绒毯,温柔而且妩媚。到了秋冬,纳帕海变成大片的沼泽草甸。每到秋风乍起时,黑颈鹤、斑头雁等珍异的飞禽在"海"上低空飞旋,原来还是金黄的狼毒花也摇身"变"成惹眼的桃红色,景致十分瑰丽。

在藏传佛教文化的熏陶和濡染下,这里的人们注重内心的精神追求,爱惜今世的生命,更向往来生的幸福,追求人的内心世界与外在世界的和谐。

在香格里拉不算辽阔但宽敞的草甸上,青稞架随意散落,大棵的酥油花、黄色的狼毒花、深紫的鸢尾花和许多不知名的野花生长在纳帕海甚至香格里拉的每一寸土地上,分外妖娆。还有乌鸦——在藏乡被誉为神圣的黑鸟,成群结队地"晾"在青稞架上晒太阳。如果你有胆量,还可以纵马驰骋,犹如在坝上纵横,感觉比北疆多了一分娇气般的妩媚。

神秘的香格里拉,不仅自然景观独特,气势磅礴,而且其古老丰博、源远流长的文化内涵也令到访者神魂颠倒。身居喧嚣闹市的现代人,只要一踏上香格里拉这块净土,便会感受到一种强烈的文化震撼,同时获得一种超时空的美感。

·知识链接·

普达措:

普达措是我国第一个国家公园,位于云南省迪庆藏族自治州香格里拉县东22千米处。公园的大门设在"香格里拉第一村"霞给村的村头。"普达措"藏语意为神助乘舟到达湖的彼岸。

普达措现以碧塔海和属都湖为主要组成部分,海拔在3500米至4159米之间,是"三江并流"风景名胜区的重要组成部分。公园拥有地质地貌、湖泊湿地、森林草甸、河谷溪流、珍稀动植物等,原始生态环境保存完好。

珠穆朗玛峰——地球的第三极

珠穆朗玛峰是圣洁与神秘的，是人们战胜自我、超越自我的永恒主题。巍峨、壮丽的珠穆朗玛峰，以它举世无双的高度，多年来吸引着无数登山健儿。美丽、庄严的珠穆朗玛峰，以它千姿百态的容貌，成为无数人的向往。

珠穆朗玛峰在藏语里意为"圣母峰"，是世界第一高峰，位于中国和尼泊尔交界的喜马拉雅山脉上。珠穆朗玛峰顶终年积雪，一派圣洁景象，被誉为地球第三级。

在喜马拉雅山脉之中，海拔在7000米以上的高峰有40多座，8000米以上的有10座，其中著名的有南伽峰、希夏邦马峰、干城章嘉峰。"喜马拉雅"在藏语中就是"冰雪之乡"的意思。这里终年冰雪覆盖，一座座冰峰如倚天的宝剑，一条条冰川像蜿蜒的银蛇。其中最为高耸的当然就是高达8844.43米的珠穆朗玛峰，它是世界最高峰。

珠穆朗玛峰气候具有明显季风特征，冬半年干燥而风大，为干季和风季，夏半年为雨季。珠穆朗玛峰南北坡气候差异很大，南坡降水丰沛，具有海洋性季风气候特征；北坡降水少，呈大陆性高原气候特征。

珠穆朗玛峰地区及其附近高峰的气候复杂多变，即使在一天之内，也往往变化莫测，更不用说在一年四季之内的翻云覆雨。大体来说，每年6月初至9月中旬为雨季，强烈的东南季风造成暴雨频繁，云雾弥漫，冰雪肆虐无常的恶劣气候。11月中旬至翌年2月中旬，因受强劲的西北寒流控制，气温可达-60℃，平均气温在-40℃～-50℃之间。最大风速可达90米/秒。每年3月初至5月末，这里是风季过度至雨季的春季，而9月初至10月末是雨季过度至风季的秋季。在此期间，有可能出现较好的天气，是登山的最佳季节。

珠穆朗玛峰所在的喜马拉雅山地区原来是一片汪洋大海，在漫长的地质年代，从陆地上冲刷来大量的碎石和泥沙，堆积在喜马拉雅山地区，形成了这里厚达3万米以上的海相沉积岩层。以后，由于强烈的造山运动，使喜马拉雅山地区受挤压而猛烈抬升，据测算，平均每一万年大约升高20米～30米，直至如今，喜马拉雅山区仍不断上升着。

珠穆朗玛峰山谷呈冰川发育特点，山峰周围辐射状分布有许多条规模巨大的山谷冰川。其中以北坡的中绒布、西绒布和东绒布三大冰川与它们的30多条中小型支冰川组成的冰川群最为著名。在许多大冰川的冰舌区还普遍出现冰塔林。古冰斗、冰川槽形谷地、冰川或冰水侵蚀堆积平台、侧碛和终碛垄等古冰川活动遗迹也屡见不鲜。寒冻风化强烈，峰顶岩石嶙峋，角峰与刃脊高耸危立，遍布岩屑坡或石海。土壤表层反复融冻形成石环、石栏等特殊的冰缘地貌现象。

珠穆朗玛峰的云形状千姿万态，有时像一面旗帜迎风招展；有时像波

☆ 宛如倚天宝剑的珠穆朗玛峰

涛汹涌的海浪；有时变成袅娜上升的炊烟；刚刚还似万里奔腾的骏马；一会儿又如轻轻飘动的面纱。这一切，使珠穆朗玛峰增添了不少绚丽壮观的景色，堪称世界一大自然奇观。

·知识链接·

珠穆朗玛峰旗云：

眺望珠穆朗玛峰，确实神奇美丽，无论那云雾之中的山峦奇峰，还是那耀眼夺目的冰雪世界，无不引起人们莫大的兴趣。不过，人们最感兴趣的，还是飘浮在峰顶的云彩。这云彩好像是在峰顶上飘扬着的一面旗帜，因为这种云被形象地称为旗帜云或旗状云。

珠穆朗玛峰旗云的形状千姿百态，时而像一面旗帜迎风招展；时而像波涛汹涌的海浪；忽而变成袅娜上升的炊烟；刚刚似万里奔腾的骏马；一会儿又如轻轻飘动的面纱。这一切，使珠穆朗玛峰增添了不少绚丽壮观的景色，堪称世界一大自然奇观。

有经验的气象工作者的登山队员，常常根据珠穆朗玛峰旗云飘动的位置和高度，推断峰顶高空风力的大小。如果旗云飘动的位置越向上掀，说明高空越小，越向下倾，风力越大；若和峰顶平齐，风力约有九级。又如印度低压过境前，旗云的方向由峰顶东南侧往西北移动，反映高空已改吹东南风，低压系统即将来临，接着低压过境，常伴有降雪。

由于旗云的变换可以反映出高空气流的变动，因此，珠穆朗玛峰旗云又有"世界上最高的风向标"之称。

黄山——极目无穷尽

黄山之美,是一种无法用语言来表述的意境之美,无论是艳阳高照下显现出的铁骨峥嵘的阳刚之美,还是云遮雾绕下若隐若现的妩媚之美,抑或是阳春三月里漫山遍野盛开的鲜花透出的浪漫之美,甚至在雪花纷飞的严冬处处银装素裹下的圣洁之美。

"**五**岳归来不看山,黄山归来不看岳",黄山之美,是一种无法用语言来表述的意境之美,有着让人产生太多联想的人文之美。无论是艳阳高照下显现出的铁骨峥嵘的阳刚之美,还是云遮雾绕下若隐若现的妩媚之美,抑或是阳春三月里漫山遍野盛开的鲜花透出的浪漫之美,甚至在雪花纷飞的严冬处处银装素裹下的圣洁之美。

黄山位于安徽省黄山市境内,为"三山五岳"中"三山"之一,有"天下第一奇山"之称。奇松、怪石、云海、温泉、冬雪素称黄山"五绝"。并以天都峰、莲花峰、光明顶三大主峰为中心向四周铺展,跌落为深壑幽谷,隆起成峰峦峭壁。

黄山的气候属亚热带季风气候,地处中亚热带北缘、常绿阔叶林、红壤黄壤地带。黄山阴雨天多,云雾天多,接近于海洋性气候,夏无酷暑,冬少严寒,四季平均温度差仅20℃左右。西南风、西北风频率较大。

黄山自然环境条件复杂,生态系统稳定平衡,植物垂直分布明显,群落完整,还保存有高山沼泽和高山

☆ 千姿百态的黄山松

草甸各一处，是绿色植物荟萃之地，森林覆盖率为56%，植被覆盖率达83%。黄山野生植物有1452种，黄山有国家一类保护植物水杉，二类保护植物银杏等，有石斛等10个物种属濒临灭绝的物种。首次在黄山发现或以黄山命名的植物有28种，尤以名茶"黄山毛峰"、名药"黄山灵芝"驰名中外。黄山动物种类达300多种，有梅花鹿、黑麂、毛冠鹿、苏门羚、长尾雉等中国国家级保护的野生动物。

黄山千峰竞秀，有奇峰72座，其中天都峰、莲花峰、光明顶都在海拔1800米以上，拔地及天，气势磅礴，雄姿灵秀。

自古黄山云成海，黄山是云雾之乡，以峰为体，以云为衣，其瑰丽

☆ 瑰丽壮观的黄山云海

壮观的"云海"以美、胜、奇、幻享誉古今，一年四季皆可观、尤以冬季景最佳。依云海分布方位，全山有东海、南海、西海、北海和天海；而登莲花峰、天都峰、光明顶则可尽收诸海于眼底，领略"海到尽头天是岸，山登绝顶我为峰"之境地。

黄山云海，特别奇绝。漫天的云雾和层积云，随风飘移，时而上升，时而下坠，时而回旋，时而舒展，构成一幅奇特的千变万化的云海大观。每当云海涌来时，整个黄山景区就被分成诸多云的海洋。被浓雾笼罩的山峰突然显露出来，层层叠叠、隐隐约约，山之秀之奇在这里被完美地表达出来。飘动着的云雾如一层面纱在山峦中游弋，景色千变万化，稍纵即逝。

成片的红叶浮在云海之上，这是

黄山深秋罕见的奇景——红树铺云。北海双剪峰,当云海经过时为两侧的山峰约束,从两峰之间流出,向下倾泻,如大河奔腾,又似白色的壶口瀑布,轻柔与静谧之中可以感受到暗流涌动和奔流不息的力量,是黄山的又一奇景。

最著名的黄山松有:迎客松、送客松、蒲团松、凤凰松、棋盘松、接引松、麒麟松、黑虎松、探海松及团结松——这就是黄山的十大名松。过去还曾有人编了《名松谱》,收录了许多黄山松,可以数出名字的松树成百上千,每棵都独具美丽、优雅的风格。

黄山松分布于海拔800米以上的高山上,以石为母,顽强地扎根于巨岩裂隙。黄山松针叶粗短,苍翠浓密,干曲枝虬。黄山松千姿百态,或伟岸挺拔,或独立峰巅,或倒悬绝壁,或冠平如盖,或尖削似剑。有的循崖度壑,绕石而过;有的穿罅穴缝,破石而出。忽悬、忽横、忽卧、忽起,"无树非松,无石不松,无松不奇"。

黄山"五绝"之一的怪石,以奇取胜,以多著称。已被命名的怪石有120余处。其形态可谓千奇百怪,令人叫绝。似人似物,似鸟似兽,情态各异,形象逼真。黄山怪石从不同的位置,在不同的天气观看情趣迥异,可谓"横看成岭侧成峰,远近高低各不同"。其分布可谓遍及峰壑巅坡,或兀立峰顶或戏逗坡缘,或与松结伴,构成一幅幅天然山石画卷。

· 知识链接 ·

黄山的地质形成:

黄山经历了漫长的造山运动和地壳抬升,以及冰川和自然风化作用,才形成其特有的峰林结构。黄山群峰林立,有七十二峰素有"三十六大峰,三十六小峰"之称,主峰莲花峰海拔高达1864.8米,与平旷的光明顶、险峻的天都峰(天都峰海拔1810米,与光明顶、莲花峰并称三大黄山主峰,为36大峰之一)一起,雄踞在景区中心,周围还有77座千米以上的山峰,群峰叠翠,有机地组合成一幅有节奏旋律的、波澜壮阔、气势磅礴、令人叹为观止的立体画面。

☆ 黄山飞来石

神农架——华中的屋脊

神农架自古以来就充满了很多神奇的色彩,相传神农架是华夏始祖神农炎帝搭架采药、疗治民疾的地方。他在此"架木为梯,以助攀援","架木为屋,以避风雨",最后"架木为坛,跨鹤升天"。在近代又传出在神农架发现了野人,更给这个本来就充满奇幻色彩的地方增加了一层新的神秘色彩。

神农架位于湖北省西部边陲,东与湖北省保康县接壤,西与重庆市巫山县毗邻,南依兴山、巴东而濒三峡,北倚房县、竹山且近武当,是一片具有神秘色彩的地带。

远古时期,神农架林区还是一片汪洋大海,经燕山和喜马拉雅造山运动逐渐抬升成为多级陆地,并形成了神农架群和马槽园群等具有鲜明地方特色的地层。神农架位于我国地势第二阶梯的东部边缘,由大巴山脉东延的余脉组成中高山地貌,区内山体高大,最高峰神农顶海拔3105.4米,成为华中第一峰,神农架也因此有"华

☆ 神农架野马河

中屋脊"之称。

神农有许多神奇的地质奇观。在红花乡境内有一条潮水河，河水一日三涌，早中晚各涨潮一次，每次持续半小时。涨潮时，水色因季节而不同，干旱之季，水色混浊；梅雨之季，水色碧青。

宋洛乡里有一处水洞，只要洞外自然温度在28℃以上时，洞内就开始结冰，山缝里的水沿洞壁渗出形成晶莹的冰帘，向下延伸可达10余米，滴在洞底的水则结成冰柱，形态多样，顶端一般呈蘑菇状，且为空心。进入深秋时节，冰开始融化，而且到了冬季，洞内温度要高于洞外温度。

神农架有一个叫做阴峪河的地方，很少有阳光透射，适宜白金丝猴、白熊、白鹿等动物栖息。这么多动物返祖变白，仅仅用气候原因是解释不了的，因而也成了科学上的待解之谜。

神农架的奇幻、神秘、引人入胜还在于它可能拥有一种传奇性动物——野人。20世纪50年代以来，神农架不时有"野人"存在的报告传来。

·知识链接·

神农架"野人"之谜：

1976年5月，中国科学院组织了"鄂西北奇异动物考察队"深入神农架原始林区，探查神农架"野人"足迹。收集到了"野人"的粪便、毛发等实物，测查了"野人"脚印。经初步鉴定，"野人"是一种接近于人类的高级灵长类动物。近几年来，又有多名考察队员和游人目睹了"野人"的存在。但到目前为止，还没有捕获到一个活的"野人"，因此神农架"野人"仍是一个谜。1977—1980年，有关部门组织了两次大规模的野外考察，搜集到野人毛发数百根，发现野人脚印数百个、粪便多处，还发现野人住过的竹屋。考察结果显示：神农架的确存在未知的奇异动物。

☆ 原始森林覆盖的神农架成了世界上最神秘的地方之一

雁荡山——灵奇聚集的地方

雁荡山因山顶有湖,芦苇茂密,结草为荡,南归秋雁多宿于此,故名雁荡。素有"寰中绝胜、海上名山"之誉,史称"东南第一山"。

"灵"一"奇"确是道尽雁荡的美妙了。雁荡山是苍括山的支脉,在浙江省温州市乐清市境内,部分位于永嘉县及温岭市。雁荡山系绵延数百千米,可分为北雁荡山、中雁荡山、南雁荡山、西雁荡山(泽雅)、东雁荡山(洞头半屏山)。素有"寰中绝胜、海上名山"之誉,史称"东南第一山。"因山顶有湖,芦苇丛生,结草成荡,南归秋雁多宿于此,故名雁荡。

通常所说的雁荡山风景区主要指乐清市内的北雁荡山。全山东西25千米,南北18千米,包括灵峰、灵岩、大龙湫、显胜门五个景区。景点多达380余处,计有102峰、64岩、46洞、26石、14峰、18瀑、28潭、13坑、13岭、10泉、7溪等。其中,最能体现雁荡之气的还是三绝:灵峰、灵岩和大龙湫。

灵峰在雁荡山灵峰寺后面,高不过270米,但确实灵奇,正面望之,势如涌出,孤高耸天,走到灵峰寺左侧观看,却变成了两座山峰。原来此峰与右边的倚天峰相合,犹如双手合十,故又称为合掌峰。灵峰周围奇峰环绕,怪石林立,但奇的还是合掌峰,白天仰望此峰,似巨大雄鹰蛰伏俯视,因此被称为"雄鹰峰";月夜远远望去,又似情侣相偎相依,故又被称为"夫妻峰"。灵峰附近还有斗北、长春、将军、南碧霄、北碧霄、古竹、东石梁、响板诸洞和犀牛、金鸡、双笋、碧霄、伏虎诸峰,以及穿

☆ 灵峰与倚天峰合为合掌峰

行于巨石中铿锵有声的鸣玉溪。集峰、岩、洞、溪之胜，钟神秀之美。

灵岩在灵岩寺背后，高广数百丈巍然壁立，状如屏风，故又称为屏霞峰。附近有天柱、展旗两峰相峙，叫做南天门，卧龙溪穿门而出。当地常有人在南天门系一绳索，作滑索飞渡表演，惊险万状。在灵岩与小龙湫瀑布间，奇峰竞秀，有展翅欲飞的双鸾峰，有亭亭玉立的玉女峰，有若琼楼仙阁的重楼峰和书天巨毫的卓笔峰，更有触目皆是的怪岩，如老儒拜塔、金乌玉兔、鲤鱼朝天、美女梳妆、老叟吟诗、灵猫捕鼠等等，莫不惟妙惟肖，出人意料。

大龙湫位于马鞍岭西3千米处，水从连云嶂下来，高约190米，号称"天下第一瀑"。大雨刚过，"怒涛倾注，变幻极势，轰雷喷雪。"雨水少时，瀑布从半空飘忽而下，不到几丈，犹如烟雾。微风吹来，随风飘转、落风潭中、忽成圆圈、忽成曲线，其次恰似游龙戏水。

·知识链接·

雁荡46洞：

以观音洞最高、天窗洞最险、仙人洞最大、仙姑洞最奇。观音洞嵌于合掌峰中，最早为唐代高僧善牧的居所。洞高100米，宽深各40余米，洞内佛楼倚岩而建，高达9层。入洞口处为天王殿，内塑四大金刚，殿后有377级石磴，直达顶屋。顶屋为观音殿，其余为僧舍。从第8层楼左壁往洞口看，可见一尊一丁点儿大的观音佛像端坐在莲台上，此谓"一指观音"。从洞顶往外望，天空仅留一线，人称"一线天"。洞内尚有洗心，漱玉诸泉，最顶层的大殿旁还有一处洗心池，水质清纯甘洌。

☆雁荡山剪刀峰

金沙江——汹涌澎湃三千里

金沙江这块尚未开发的处女地,有着令世人为之炫目的美丽风景和难以想象的自然资源,到处是茂密的森林,有"森林王国"的称号,同时它还是动物的乐园,被人们称作"世界的基因库",并且,在"三江并流"区域还有着"天然的高山花园"美誉。

通天河流至青海省玉树藏族自治州巴塘河口后,自然景观为之一改,原先的网状水系变成波涛滚滚之曲曲湍流,向南流入西藏、四川交界的高山峡谷中。至云南石鼓,江流突然折向东北,而到水落河口又急转向南,再至金江街附近东折,然后,几经直角曲折,东流至四川宜宾岷江口。这段河流长2308千米,占长江全长的1/3以上,因自古盛产沙金,故称金沙江。

金沙江所经过的横断山脉区,平均海拔约4000米,地势由西北向东南逐渐倾斜,群山绵亘,"V"字形峡谷深达2千米~3千米。由于横断山区地形起伏悬殊,东西向山脉为深谷阻隔,对面相见而不得交通,故有诗形容之曰"上山入云间,下山到河边,两山能对话,握手得一天"。江水在深邃的峡谷中触碰礁石,激起千堆浪,汹涌澎湃,沸腾暴怒,发出雷鸣般的咆哮声。

金沙江两侧是高大的沙鲁里山和宁静山,互相对峙,宁静山以西则有中国西南另外两条大河——澜沧江和怒江,河道受横断山脉阻挡,大致平行南流。金沙江与怒江、澜沧江距离最近处仅70千米,形成"三江并流"

☆ 沸腾暴怒的金沙江

局面，谷峰相间，有如锯齿，江河同步，直趋南方。

金沙江流至云南石鼓镇，突然甩开并肩南流的澜沧江、怒江，急转100多度，改向东北流去。石鼓附近这个大弯道，是长江从向南流改变为向东流的转折，被称为"长江第一弯"。如从高空俯瞰，这个大拐弯实在惊心动魄。

· 知识链接 ·

虎跳峡：

石鼓以下，金沙江河道渐渐束窄，35千米后，进入虎跳峡。虎跳峡在云南丽江县境内，全长16千米，右岸是玉龙雪山，主峰海拔5596米，左岸是哈巴雪山，主峰海拔5396米。两座山峰白雪皑皑，而谷底却峡壁崎岖，悬崖壁立，江水横流逆折，气势磅礴，谷底江面海拔不到1800米，峰谷间高差竟达3000余米，比世界闻名的美国科罗拉多大峡谷还深1500米以上。

☆ 长江第一弯

雅鲁藏布江大峡谷——最后的秘境

从空中或从西兴拉等山口鸟瞰大峡谷,在东喜马拉雅山无数雪峰和碧绿的群山之中,雅鲁藏布江硬是切出一条陡峭的峡谷,穿越高山屏障,围绕南迦巴瓦峰作奇特的大拐弯,南泻注入印度洋,其壮丽奇特无与伦比。

在青藏高原上,有一条如银白色巨龙般的大河,奔流于"世界屋脊"的南部,这就是著名的雅鲁藏布江。它从雪山冰峰间流出,奔向藏南谷地,造就了沿江奇绝秀丽的景致。在雅鲁藏布江的下游河段,从米林县的大渡卡村到墨脱县巴昔卡村,以连续的峡谷绕过南迦巴瓦峰,长达496.3千米,比号称世界"最长"的大峡谷——科罗拉多大峡谷还长56千米,这就是著名的雅鲁藏布江大峡谷。

雅鲁藏布江大峡谷历来以它的雄伟峻险和奇特的转折而闻名于世。雅鲁藏布江就像深嵌在巨斧劈开的狭缝里一样。谷底是呼啸奔腾的急流,河床滩礁棋布、乱石嵯峨。像这类峡谷一个接着一个,组成了雅鲁藏布江大峡谷,峡谷两侧的山坡上森林密布,满坡漫绿,看来又是那么幽深秀丽。它那连绵的峰峦和不尽的急流相结合,构成一幅壮丽动人的画面。

整个大峡谷地区异常湿润,布满了郁密的森林。地势险峻、交通不便、人烟稀少,而且许多河段根本没有人烟,加上大峡谷云遮雾罩、神秘莫测,所以特别幽静。

在扎曲村旁不到300米远的悬崖上可以清楚地看见雅鲁藏布江自西滚滚而来,绕过对面的多布拉雄山后转向南狂奔而去,整个形状呈一个大"U"形。

关于大拐弯还有一个有趣的故事,传说位于西部阿里的神山冈仁波钦雪山有四个子女分别是雅鲁藏布江(马泉河)、狮泉河、象泉河和孔雀河。四兄妹相约分头出发在印度洋相会,雅鲁藏布江在历经艰险后来到了工布地区,受一只小鹦子的欺骗,以为三个兄妹早已比他先到了印度洋,于是匆忙中从南迦巴瓦峰脚下掉头南奔,一路的高山陡崖都不能挡住他的脚步,为早日与兄妹们相会,哪里地

☆ 雅鲁藏布江大峡谷秀甲天下

势陡峭险峻他就从哪里跳下，最终形成了这条深嵌在千山万谷中的雅鲁藏布江大峡谷。

雅鲁藏布江大峡谷的基本特点可以用十个字来概括：高、壮、深、润、幽、长、险、低、奇、秀。

高：雅鲁藏布江大峡谷两侧，壁立高耸的南迦巴瓦峰（海拔7782米）和加拉白峰（海拔7234米），其山峰皆为强烈上升断块，巍峨挺拔，直入云端。峰岭上冰川悬垂，云雾缭绕，气象万千。

壮：从空中或从西兴拉等山口鸟瞰大峡谷，在东喜马拉雅山无数雪峰和碧绿的群山之中，雅鲁藏布江硬是切出一条笔陡的峡谷，穿越高山屏障，围绕南迦巴瓦峰作奇特的大拐弯，南泻注入印度洋，其壮丽奇特无与伦比。

深：在南迦巴瓦峰与加拉白垒间的雅鲁藏布江大峡谷最深处达5382米，围绕南迦巴瓦峰核心河段，平均深度也有5000米左右，其深度远远超过深2133米的科罗拉多大峡谷，深3200米的科尔卡大峡谷和深4403米的喀利根德格大峡谷。

润：雅鲁藏布江大峡谷是青藏高原上最大的水气通道，受印度洋暖湿气流的影响，大峡谷南段年降水量高达4000毫米，北段也在1500毫米～2000毫米之间，故整个大峡谷地区异常湿润，布满了茂密的森林，形成了世界上生物物种最丰富的峡谷。它与仅生长荒漠植被的干旱的科尔卡大峡谷、与仅生长单一松林的比较干旱的科罗拉多大峡谷都是不同的。

幽：雅鲁藏布江大峡谷林木茂盛。由于地势险峻，交通不便，人烟稀少，而且许多河段根本没有人烟，加上大峡谷云遮雾罩、神秘莫测，所以环境特别幽静。这也是上述三个大峡谷所无法比拟的。

长：雅鲁藏布江大峡谷以连续的峡谷绕过南迦巴瓦峰，长达496.3千米，比号称世界"最长"的大峡谷——科罗拉多大峡谷还长56千米。

险：雅鲁藏布江大峡谷中许多河段两岸岩石壁立，根本无法通行，所以至今还无人全程徒步穿越峡谷。相比其他三条大峡谷，谷地中都有路相通；科罗拉多大峡谷，游人可乘牲畜在谷地中穿行游览；科尔卡大峡谷，游人可徒步沿谷地旅游；喀利根德格大峡谷，谷地中村庄星罗棋布，沿谷地的小路是当地发展徒步旅游的主要路线。就水道而论，雅鲁藏布江大峡谷河段，河水平均流量达4425立方米／秒，远远超过67立方米／秒的科罗拉多河和另外两条河流，水流湍急，至今未有人能在雅鲁藏布江大峡谷漂流，其水流的险恶程度也远在诸峡谷之上。

低：系指雅鲁藏布江大峡谷最低处的巴昔卡，海拔仅有155米，远远低于上述三个峡谷的任何一个最低点。

奇：雅鲁藏布江大峡谷最为奇特的是它在东喜马拉雅山脉尾闾，由东西走向突然南折，沿东喜马拉雅山脉南斜面夺路而下，注入印度洋，形成世界上最为奇特的马蹄形的大拐弯。它不仅在地貌景观上异常奇特，而且又成为世界上具有独特水汽通道作用的大峡谷，造就了青藏高原东南缘奇特的森林生态系统景观。

秀：整个大峡谷的自然景观可以用"雅鲁藏布江大峡谷秀甲天下"概括。谓其秀甲天下，主要是指无论在秀的广度、深度和力度上都独领风骚。就广度而论，大峡谷是山秀、水秀、树秀、草秀、云秀、雾秀、兽秀、鸟秀、蝶秀、鱼秀等等；不仅如此，大峡谷的秀还有其深远和雄伟的内涵。例如大峡谷之水，从固态的万年冰雪到沸腾的温泉，从涓涓溪流、帘帘飞瀑直至滔滔江水，固态、液态、气态、雪花、溪流、大江，其秀丽深入到水的各种形态、各种尺度规模，而从力度来看，数百米的飞瀑，16米／秒的流速，4425立方米／秒的流量，其力度甚为壮观。再如大峡谷之山，从遍布热带季风雨的低山一直到高入云天如皑皑雪山无一不秀；茫茫的林海及耸入云端的雪峰给人秀丽的感受更如神来之笔。生于斯长于斯

☆ 奔腾的江水为大峡谷增添了一丝秀气

的众多生灵，更以其独特的形体和生命的活力迸发出秀丽的光彩。

·知识链接·

雅鲁藏布大峡谷的科学发现：

大峡谷地区是青藏高原最具神秘色彩的地区，因其独特的大地构造位置，被科学家看做是"打开地球历史之门的锁孔"。因此，大峡谷地区的地质调查是青藏高原地质大调查的重要组成部分。河南省地质调查院是青藏高原地质大调查的主力军之一。1999年以来，河南省地质调查院先后承担和完成了西藏国土资源遥感综合调查项目和青藏高原空白区地质填图、青藏铁路沿线资源矿产基地调查评价、西南三江有色金属基地调查评价项目中的部分子项目。其中在大峡谷地区开展的1：20万比例尺波密幅、墨脱幅区域地球化学测量项目受到社会各界的广泛关注。

雅鲁藏布大峡谷的发现，被科学界称作是本世纪人类最重要的地理发现之一。它是中国几代科学家经过长期艰辛努力后发现的。在此之前的二十多年间，众多学科的中国科学家曾先后8次进入该地区进行综合性科学考察。

1998年10月下旬至12月初，由科学家、新闻工作者和登山队员组成的科学探险考察队，历时40多天，穿行近600千米，在深山密林、悬崖陡峭、水流湍急的雅鲁藏布大峡谷区域开展了异常艰辛的科学探险考察活动，获取了大量科学资料，领略和探索了世界第一大峡谷的奇观，实现了土著居民以外的"人类"首次徒步穿越雅鲁藏布大峡谷的历史壮举。

在40多天的徒步穿越考察中，有关专家在大峡谷地区精确测绘了大峡谷的深度和谷底宽度，掌握了极为重要的实测数据。地质、水文、植物、昆虫、冰川、地貌等方面，也都取得了丰富的科学资料和数千种标本样品，为大峡谷的资源宝库增添了新的内容。尤其值得称道的是，此次考察中不仅确认了雅鲁藏布江干流上存在的瀑布群及其数量和位置，而且发现了大面积濒危珍稀植物——红豆杉、昆虫家族中的"活化石"——缺翅目昆虫。

科学考察证实，雅鲁藏布大峡谷地带是世界上生物多样性最丰富的山地，是"植物类型天然博物馆""生物资源的基因宝库"。同时，大峡谷处于印度洋板块和亚欧板块俯冲的东北挤角，地质现象多种多样，堪称罕见的"地质博物馆"。

祁连山——开满鲜花的大草原

"青海青,黄河黄,更有那滔滔的金沙江,雪浩浩,山苍苍,祁连山下好牧场,这里有成群的骏马,千万匹牛和羊,马儿肥牛儿壮,羊儿的毛好似雪花亮。"这首脍炙人口的民谣,将雪山银峰映照下的祁连草原的绝美和富饶充分展现在人们眼前。

祁连山脉位于中国青海省东北部与甘肃省西部边境。由多条西北-东南走向的平行山脉和宽谷组成,因位于河西走廊南侧,又名南山。西端在当金山口与阿尔金山脉相接,东端至黄河谷地,与秦岭、六盘山相连。属褶皱断块山,最宽处在酒泉市与柴达木盆地之间。

祁连山的原始森林景区风光迷人,立夏之后,山林之中是一望无际的绿色海洋。祁连山的原始森林区内有总面积1570平方千米,200多万立方米的森林资源,是青海省较大的林区之一。这里有云杉、圆柏、杨树等林木以及鞭麻、黑刺、山柳等灌木。此外,祁连山的密林雪岭之中,还有许多游荡的鹿群,或奔跑,或徘徊,野趣浓烈。

祁连山脉山峰多在海拔4000米~5000米之上。履冰踏雪,寒风刺骨,有着使人目不暇接,可以尽情观赏的自然之美。祁连山的每一座山峰气势雄伟,人称"石骨峥嵘,鸟道盘错"。这些由冰雪和石头凝成的形态各异、棱角分明的脉脊,犹如用巨斧劈凿一般。至于因高山上终年积雪而形成宽阔硕长的冰川,更是雪山的一绝!冰川长年不融化,好似披挂在雪山众神身上的一条条洁白的"哈达"。它们千姿百态,躺卧在雪山上,如白虎藏匿,如银蛇盘绕,在正午阳光的照射下,有如钻石发出万簇光芒,在霞光的晕染下,冰川则呈现出无法描摹的瑰丽!

祁连山中多河,这是因为终年覆盖的雪山下有数不尽的冰川,每当暖季到来,阳光总会融化掉上面的一层冰雪,再加上森林地带的降雨,带来充沛的水源,汇聚成一条条河流。河谷洼地一带,是成片的野生柳树、杨树,还有丛丛簇簇的刺槐。它们均显得古老、苍劲而又扭曲,古老得使你无法估算它们的年轮。

祁连山之美,美在山清水秀,更有奇峰云雾,"暮雨朝云几日归"。夏季的祁连山多夜雨,次日清晨,浓云厚雾像一缕缕银丝萦绕在山腰间,忽而又变成滚滚青烟,在山际间飘逸。身临其境,恍如梦中。天空放晴,笼罩山际间的浓雾消失得无影无踪,深蓝的天空中白云朵朵,神态各异,与这绿草如茵的大草原和成群的牛羊交相辉映,好一派高原独有的草原风光。

祁连山草原的代表大马营草原在焉支山和祁连山之间的盆地中。每年七八月间,与草原相接的祁连山依旧银装素裹,而草原上却碧波万顷,马、牛、羊群点缀其中。微风吹来,会使人产生返璞归真、如入梦境的幻觉。著名的大马营草原,地形平坦、水草丰美,拥有蜚声中外的远东第一大牧场——山丹军马场。

祁连山之名源于古代匈奴语,意为"天之山"。迄今为止,游牧在这里的匈奴人的直系后裔——尧熬尔人仍然叫祁连山为"腾格里大坂",意思也是"天之山"。

·知识链接·

夏日塔拉草原:

祁连山下有一片水草最为丰美的草原,那就是夏日塔拉。这里曾先后是匈奴王、回鹘人、元代蒙古王阔端汗的牧地。夏日塔拉是一片四季分明、风调雨顺的草原。清人所著的地理名著《秦边纪略》中说:"其草之茂为塞外绝无,内地仅有。"

☆ 如同波浪般的祁连山峰

月牙泉——留在沙漠中的一滴眼泪

"就在天的那边,很远很远,有美丽的月牙泉",歌手田震略带沙哑的嗓音从《月牙泉》中流泄。对于敦煌这座城市而言,如果说世界文化遗产莫高窟是人工开凿的奇观,那么形状酷似一弯新月的月牙泉则是大自然创造的另一个奇观。

月牙泉位于甘肃省河西走廊西端的敦煌市。月牙泉就像初一的一弯新月落在了漫漫黄沙之中,泉水清凉澄明,味美甘甜。在沙山的怀抱中娴静地躺了几千年,虽常常受到狂风凶沙的袭击,却依然碧波荡漾,水声潺潺,是当之无愧的"沙漠第一泉"!

月牙泉古时候叫沙井,俗名药泉,自汉朝起即为"敦煌八景"之一,得名"月泉晓澈"。月牙泉弯曲如新月,因而得名,有"沙漠第一泉"之称。一弯清泉,涟漪萦回,碧如翡翠。泉在流沙中,干旱不枯竭,风吹沙不落,蔚为奇观。历代文人学士对这一独特的山泉地貌、沙漠奇观称赞不已。

关于月牙泉的成因,有神话般的传说,也有科学的推论。一种传说是,汉武帝时将军李广利征伐大宛国,大军行至鸣沙山下,天气燥热,兵马酷渴,李广利掌剑刺山,精诚所至,感动了观音菩萨,观音将手中的净瓶向下抖动了几下,于是银豆似的水珠顷刻而下,汇在一起,从此便形成了月牙泉。另一种传说称,月牙泉是古雷音庙前的一碗圣水变成的。

月牙泉处于鸣沙山环抱之中。鸣沙山因刮风时会发出声响而得名。

这里还有一个奇特的现象,因为地势的关系刮风时沙子不往山下走,而是从山下往山上流动,造就此中沙泉共生、泉沙共存的独特地貌,被称为沙漠奇观。

月牙形的清泉,泉水碧绿,如翡翠般镶嵌在金子似的沙丘上。泉边芦苇茂密,微风起处,碧波荡漾,水映沙山,蔚为奇观。对于月牙泉百年遇烈风而不为沙掩盖的不解之谜,有许多说法。有人认为,这一带可能是原党河河湾,是敦煌绿洲的一部分,由于沙丘移动,水道变化,遂成为单独的水体。因为地势低,渗流在地下的水不断向泉中补充，使之涓流不息，天旱不涸。这种解释似可看做是月牙泉没有消失的一个原因，但却无法说明为什么飞沙不落月牙泉。

年来不为流沙所淹没，不因干旱而枯竭。在茫茫大漠中有此一泉，不得不说是造化的神奇之处，令人神醉情驰。"晴空万里蔚蓝天，美绝人寰月牙泉，银山四面沙环抱，一池清水绿漪涟"。"月牙晓澈"为敦煌八景之一。月牙泉是国家级重点风景名胜区，中国旅游胜地四十佳之一，被称做是"沙漠第一泉"。

·知识链接·

月牙泉：

月牙泉有如梦一般的谜，千百

☆ 永不干涸的月牙泉

西沙群岛——海上丝绸之路

西沙群岛是中国大陆到东南亚和印度洋海上航线的必经之地。千百年来，无数满载着陶瓷、丝绸、香料、胡椒等货物的商船经此驶过，这一航线又被冠以"海上丝绸之路""陶瓷之路""香料之路"和"香药之路"的美称。

西沙群岛是中国南海四大群岛之一，由永乐群岛和宣德群岛组成，共有22个岛屿，7个沙洲，另有10多个暗礁、暗滩。主要岛屿有永兴岛、东岛、中建岛等。这片大大小小的珊瑚岛屿群漂浮在3万平方千米的海域上，美丽而纯净。

西沙群岛地处热带中部，属热带季风气候，炎热湿润，但无酷暑。以永兴岛为例，极端年平均气温26.5℃，年降雨量1505毫米。西沙群岛是最易受台风侵袭的地区。西沙群岛的中国海军陆战队女兵岛是我国著名渔场之一。海域宽阔，岛礁星罗棋布，海产十分丰富，珍贵品种较多，每年吸引大批来自各地的渔民来岛捕捞作业。

令人赞叹不已的是这里独具热带风情特色的岛屿风光：海水是如此的清澈幽蓝，以致整个海面看起来就像一块巨大的深蓝色的绸缎在舒展。置身在这蓝蓝的浓色中间，陶醉的感受不禁油然而生。那造型奇特、陡峭壮观的珊瑚礁林，更是展现出千万年形成的风光。有的像仙人指路，有的似一唱天下白的雄鸡，惟妙惟肖，栩栩如生。

在这里，你还可以观看那"惊涛拍岸，卷起千堆雪"的壮观景象，也可以伴夕阳走进那充满着情和爱的"将军林"，感受共和国领导人对西

☆ 西沙群岛的四周是湛蓝的海水

沙的关怀……

西沙群岛独特的地理位置和气候造就了西沙群岛丰富的动植物资源。永兴岛是一个椭圆形的小岛，椰子树、棕榈树、羊角树、琵琶树、马凤桐、美人蕉构成了永兴岛典型的热带雨林景观。

在西沙永兴岛的西南方，有7个大小不一，形状各异的岛屿连在一起，叫七连屿。这七个小岛犹如七颗珍珠洒落在浩瀚无垠的海面上，璀璨亮丽。小岛上热带植被茂盛，自然风光独具一格。在蔚蓝的天空下，端坐在洁白绵绵的沙滩上，凭海临风，溶进这静谧安详的大自然氛围中，恍惚置身于世外桃源……

这里是个优良的潜水池，在水中可以看到一簇簇的珊瑚像盛开的鲜花一样美丽，有金黄色的鹿角珊瑚、雪白的葵花珊瑚和鲜艳的红珊瑚。五光十色的鱼儿成群结队地游来游去，景象很奇异。在小岛上观看日落，更能勾起游人的情趣，红彤彤的晚霞铺满半边天，海水鲜红闪亮，归巢鸟儿的鸣叫声和着轻轻拍岸的涛声传入耳中，汇成美丽的风景画，令人不禁浮

☆ 风景如画的西沙群岛

想联翩、流连忘返。

西沙群岛上栖息着40多种鸟类，常见的有鲣鸟、乌燕鸥、黑枕燕鸥、大凤头燕鸥和暗喙像眼等。在整个树林的上层及其上空，海鸟成千上万终日盘旋飞翔，千鸣万啭，自成一景，素称"鸟的天堂"。

更有趣的是鲣鸟，鲣鸟是一种飞翔能力极强的鸟类，骨头很轻，骨头内蜂巢状的细孔保证了飞翔时能减轻重量。鲣鸟生活很有规律，清晨一早就到海上觅食，傍晚飞回巢中安歇。这种按时定向的飞行给当地渔民出海捕鱼做了向导，渔民都叫它"导航鸟"。

红珊瑚，细腻柔韧，光泽滋润，线条优美，树状纹理极为清晰。这些珊瑚虫堆积成的珊瑚环礁，有的绵延几千米，组成了一个个美丽神奇的海底动物乐园。在石岛看珊瑚，海水清澈透明，阳光可以直透海底，形态各异的珊瑚花在阳光照耀下五彩缤纷。这里可以说是中国海底潜水观光的最佳场所，海水清澈，没有任何污染。

这里的海水如绸缎般细腻，碧波荡漾，轻盈、曼妙的浪花在海面绽

放，一朵朵如蓝色水晶。海浪优雅的曲线，跌宕起伏，一直飘到对面的海岛，最后消失在洁白的海滩上。这是藏在天边的圣地，只有历经磨砺方可抵达。海水像块蓝宝石晶莹剔透，在梦里都难得一见，人间最灵巧的画工、最天然的染料，也调不出它的颜色。那种蓝绿色的渲染，让你相信，海底一定堆满了熠熠生辉的珠宝，世上没有任何东西可与它媲美。

☆ 藏在天边的西沙群岛

· 知识链接 ·

西沙群岛：

西沙群岛是我国主要热带渔场，那里有珊瑚鱼类和大洋性鱼类400余种，是捕捞金枪鱼、马鲛鱼、红鱼、鲣鱼、飞鱼、鲨鱼、石斑鱼的重要渔场。海产品主要有海龟、海参、珍珠、贝类、鲍鱼、海藻等几十种，比较名贵的有海龟之王——棱皮龟，海参之王——梅花参，世界最著名的珍珠——南珠、宝贝、麒麟等十几种。

攀牙湾——东南亚的世外桃源

自从连接普吉岛和泰国内陆间的交通进一步便利之后,观光业于1970年开始逐渐兴起。在短暂的时间内,普吉岛便凭着傲人的资源,发展成为亚洲最著名的观光重点之一。因007电影名声大噪的攀牙湾,则被称为世界上最美的地方之一。

牙海湾位于泰国南部攀牙府南端,在马来半岛北部西海岸,距普吉岛约100千米。在水天一色的海面上,200多座造型奇特、挺拔秀丽的山峰浮现其间,这里奇岩兀立,绿洲纵横,岛屿星罗棋布,青峰倒影,山水奇秀,被誉为泰国的"水上桂林"。

攀牙海湾壁立的山峰姿态万千,有的像睡狮,有的如竹笋,有的若老翁,有的似笔架,这里有鲤鱼山、船山、母鸡山、雏鸡山、小狗山,还有两座形似乳峰的乳峰山。山上大多覆盖着茂密的热带林木,山顶呈暗赭色,上面长着稀疏的小树。情人山由两块相倚的大石壁构成,每块石壁高约35米,石面平滑如镜,黑、白、赭三色相间,两块石壁对倚成三角形,此处泉水潺潺,就像 对难舍难分的情人的眼泪。

在画山脚下近水面的石壁上画着许多鳄鱼、各种海鱼、动物及器皿图案,虽说笔画粗犷,但清晰可见,生动活泼,相传为公元前古人的真迹,很有考古价值。

攀牙海湾的"江山会景处"在相依山,是一座高大的石灰岩山峰,北边一块十几米高的巨大岩石斜挨着大山,下端与大山分开,构成一个三角

☆ 泰国的"水上桂林"——攀牙湾

形石洞，此洞非常奇特，是游人必到之处。在山顶上远眺，远山近水尽收眼底。附近还有一座铁钉山，上粗下细，直插海底，酷似神仙用巨锤钉下的"定海神针"，气魄雄伟，奇秀异常。

攀牙海湾的攀牙岩洞，也称潭洛山，洞的最高处离水面20多米，洞内的钟乳石色彩丰富、形态各异，有石幔、石笋、石花，有的如佛手，有的似倒吊莲花，有的像"蛟龙探水"，有的若"雄鹰俯冲"。洞顶岩缝中还悬挂着名贵的食品"燕窝"。

距相依山不远处，有一个名为"邦衣"的海岛，状如鲸鱼，扼攀牙海湾的要冲，海水从它的左右经过，直奔印度洋。岛一侧的海面上，延伸出一片水上木屋，是一个住着100多户人家的渔村。整个村庄都建在海上，高脚木屋从山脚向海边伸展，房屋中间有木桥相接，别具一格。由于这里环境幽美，生活稳定，邦衣岛被称为"海上仙阁"。又因岛上土地肥沃、渔业资源丰富，这一地区又被誉为"泰国明珠"。

·知识链接·

普吉岛：

普吉岛，泰国南部岛屿，位于泰国南部马来半岛西海岸外的安达曼海（Andaman Sea）。首府普吉镇地处岛的东南部，是一个大港口和商业中心。普吉岛是泰国最大的海岛，也是泰国最小的一个府，以其迷人的风光和丰富的旅游资源被称为"安达曼海上的一颗明珠"。普吉岛自然资源十分丰富，有"珍宝岛""金银岛"的美称。主要矿产是锡，还盛产橡胶、海产和各种水果。岛上工商业、旅游业都较发达。

☆ 状如鲸鱼"邦衣"岛

贝加尔湖——西伯利亚的蓝眼睛

它有着2500万年的历史，1637米的深度，是世界上最深，最古老也是最大的活水湖（以体积计算）。它所含的水量比整个北美洲所有大湖的水量总和还多。这个湖给数以千万计的动植物提供生存所需资源。湖边环绕着很多大山，在湖中有22个小岛。它会给你从未有过的视觉体验和震撼。

贝加尔湖是世界上容量最大，最深的淡水湖。位于俄罗斯布里亚特共和国和伊尔库茨克州境内。湖型狭长弯曲，宛如一弯新月，所以又有"月亮湖"之称。

在湖水向北流入安加拉河的出口处有一块巨大的圆石，人称"圣石"。涨潮时，圆石宛若滚动之状。相传很久以前，湖边居住着一位名叫贝加尔的勇士，膝下有一美貌的独生女安加拉。贝加尔对女儿十分疼爱，又管束极严。有一日，飞来的海鸥告诉安加拉，有位名叫叶尼塞的青年非常勤劳勇敢。安加拉的爱慕之心油然而生，但贝加尔断然不许，安加拉只好趁其父熟睡时悄悄出走。贝加尔醒后，追之不及，便投下巨石，以为能挡住女儿的去路，可女儿已经远远离去，投入了叶尼塞的怀抱，这块巨石从此就屹立在湖的中间。

贝加尔湖中还有散落如珍珠、宝石般的27个岛屿，最大的奥利洪岛，面积约730平方千米。

冬天的贝加尔湖，凄厉呼号的风把湖水表面化成晶莹透明的冰，看上去显得那样薄，水在冰下，宛如从放大镜里看下去似的，微微颤动，你甚至会望而不敢投足。其实，你脚下的

☆ 西伯利亚明眸——贝加尔湖

冰层可能有一米厚，或许还不止。春季临近之际，积冰开始活动，冰破时发出的巨大轰鸣和爆裂声似乎是贝加尔湖要吐尽一个冬天的郁闷和压抑。冰面上迸开一道道很宽的深不可测的裂缝，无论你步行或是乘船，都无法逾越，随后它又重新冻合在一起，裂缝处蔚蓝色的巨大冰块叠积成一排蔚为壮观的冰峰。

贝加尔湖出口的宽度大约有1000米。湖岸溪涧错落，群山环抱。湖水杂质极少，清澈无比，湖水清澈的原因据说是贝加尔湖底时常发生地震，地震产生的化学物质沉淀在湖底，使湖水得以净化，所以贝加尔湖总是清澈见底。湖水透明度竟达40.5米，因而被誉为"西伯利亚明眸"。

· 知识链接 ·

胎生贝湖鱼：

在贝加尔湖里数量最多的鱼是贝湖鱼。这是一种很小，像玻璃一样透明的鱼，其脂肪占了自身一半的重量。50亿贝湖鱼物种的总生物量大约是160000吨，此重量是所有其他鱼加起来的两倍重。

胎生贝湖鱼是一种通体呈半透明的小鱼。胎生鱼的特殊之处在于母鱼在繁殖期产出体外的不是鱼卵，而是可以自由活动捕食的幼鱼。在全世界已知的鱼类中，胎生鱼所占的比例非常小。

胎生贝湖鱼生活在水面以下50米～1500米，广泛分布在贝加尔湖除湖岸附近的各个水域，是环斑海豹、秋白鲑等动物的主要食物。科学家认为，这类鱼是在贝加尔湖冰冷的湖水中经过长期进化而来的，但是，它们从卵生鱼变为胎生鱼的具体原因和时间仍然是个未解之谜。

☆ 宛如一弯新月的贝加尔湖

长白山——博大之美

长白山之美，美在博大。长白山的博大之美是举世公认的。长白山是我国十大名山之一。遥望它的主峰，上与天接云摩，下枕万顷松涛。蓝天云涌，绿海翻波，唯皑皑银峰巍巍然、浩浩然、凛凛然、岿然横亘天地之间！

从广义上来说长白山是指长白山脉，中国辽宁、吉林、黑龙江三省东部山地的总称。北起三江平原南侧，南延至辽东半岛与千山相接，包括完达山、老爷岭、张广才岭、吉林哈达岭等平行的断块山地，海拔多在800米～1500米，以中段长白山最高，向南、北逐渐降低。

从狭义上来说长白山指吉林省东部与朝鲜交界的山地，为东北山地最高部分。中国境内的白云峰海拔高度2691米，由粗面岩组成，夏季白岩裸露，冬季白雪皑皑，终年常白，系多次火山喷发而成，为松花江、图们江、鸭绿江的发源地。森林茂密，500米～1200米之间以红松、鱼鳞松、沙松、鹅耳枥、枫等为主；1200米～1800米上以云杉、冷杉林为主；1800米以上有岳桦矮林，是中国重要林区。林间有梅花鹿、貂、东北虎等珍贵动物，以及人参等药材。人参、貂皮、鹿茸为东北"三宝"，长期享誉中外。

长白山是一座休眠火山，历史上有过数次喷发，因此形成独特的地貌景观：神奇秀丽、巍峨壮观、原始自然，风光无限！未来者无不向往，已来者无不流连。1983年夏，邓小平同志登上长白山极顶，题写"长白山""天池"横幅，并发出赞叹："人生不上长白山，实为一大憾事！"

长白山天池位于长白山主峰火山锥体的顶部，是我国最大的火山口湖，荣获海拔最高的火山湖基尼斯世界之最。天池四周奇峰林立，池水碧绿清澈，是松花江、图们江、鸭绿江的三江之源。从天池倾泻而下的长白飞瀑，是世界落差最大的火山湖瀑布，它轰鸣如雷，水花四溅，雾气遮天。位于冠冕峰南的锦江瀑布，两次跌落汇成巨流，直泻谷底，惊心动魄，与天池瀑布一南一北，遥相呼应，蔚为壮观。生动地再现了"疑似龙池喷瑞雪，如同天际挂飞流"的神奇境界，游者身临其境，会产生细雨飘洒、凉透心田的惬意感受。鸭绿江大峡谷和长白山大峡谷集奇峰、怪石、幽谷、秀水、古树、珍草为一体，沟壑险峻狭长，溪水淙淙清幽。其博大雄浑的风格和洪荒原始的意境，深深地震撼了旅游者的心魄。

长白山大瀑布位于天池北侧、乘槎河尽头。乘槎河流到1250米后，飞流直泻，便形成高达68米的长白瀑布。因系长白山名胜佳景，故名长白瀑布。乘槎河是白头山天池从北部的天文峰与龙门峰之间的缺口中流出形成的水流平缓的通天河。河水在流经1千米之后，忽而有一大的落差，于是便形成了长白山大瀑布。瀑布与玉壁峰、金壁峰相映，似玉龙冲向谷地，溅起丈高的水浪和不息的水雾。瀑布水常年流淌，成为松花江、图们江和鸭绿江三江之源。此瀑布水声震耳，雷霆万钧，仿佛一条威武的银龙从天而降，直扑谷底，蔚为雄伟壮观。

·知识链接·

长白山瀑布与温泉：

凡是到过长白山的人，都被那宏伟壮观、奔腾不息的长白山瀑布所迷恋，那银流似从天而降，落地如雷声贯耳。

长白山温泉属于高热温泉，多数泉水温度在60℃以上，最热泉眼可达82℃，放入鸡蛋，顷刻即熟。长白温泉有"神水之称"，可舒筋活血，驱寒祛病，特别对医治关节炎、皮肤病等疗效显著。这里设有温泉浴池，供游人洗浴，池水温度可以调节，出浴之后，倍感轻松。

☆ 从天池倾泻而下的长白山瀑布

金刚山——朝鲜半岛第一山

金刚山是"山中之最",它峰外有峰,雄峻奇伟,飞瀑万千,碧潭盈盈,十分壮观,一万两千个峰顶各呈奇状,连山绵谷,万石如林,奇景迭出,有着无数的石门、洞窟、峭壁和峡谷。

金刚山是朝鲜四大名山之一,坐落在东海岸江原道东部,属太白山脉北段,南北长60千米,东西宽40千米。主峰毗卢峰海拔1639米,素有"东方仙境"之盛誉。早在中国宋朝就有大文学家苏轼讴歌金刚山的著名词句:"愿生高丽国,一见金刚山",可见金刚山胜景早已名扬天下。

金刚山主要由花岗岩和长闪岩构成,依据地域特点分为内金刚、外金刚、海金刚,号称共有大小峰峦一万两千座,群峰峭立,石怪岩奇,瀑布众多,地貌景观千姿百态。主峰毗卢峰高耸于群山之上,周围有日出、月出、世尊、弥勒、彩霞等奇峰环绕,就像众星拱月。在毗卢峰顶上,能纵览气势雄伟的金刚山群峰,还可以晨观日出,暮观日落。

集仙峰被古人称为神秘的灵山,此处云雾缭绕,朦朦胧胧。传说古代曾有53佛和九龙争斗,九龙战败逃跑时,因云雾遮掩撞在山峰上,撞出一个奇怪的石洞,人称"九龙洞"。在九龙洞峡谷里,有最负盛名的九龙渊瀑布,自70多米高的悬崖绝壁上倾泻而下,响声震天,是一处美妙绝伦的

☆ 倾泻而下的九龙渊瀑布

景致。

金刚山玉女峰,因酷似亭亭玉立的少女而得名,它与水晶峰遥相辉映。五峰山是五座奇峰紧密相连,陡峭、险峻。九井峰上的上八潭,就像8颗宝石串在一起,清澈碧绿。位于水晶峰东面的三日浦内湖,自古就是朝鲜东海的绝景胜地,这里东可望波涛汹涌的大海,西可眺连绵起伏的群山。

·知识链接·

金刚山:

金刚山处于温带和暖温带过渡地带,雨水充足,气候温和,自然景色随季节变化而变化,不但风景优美,动植物资源也十分丰富。这里有兽类38种,鸟类130种,爬虫类9种,两栖类动物10种,鱼类24种。其中当地的特产动物有克拉克鸟、八色鸫、凤颈百灵、三趾啄木鸟等。植物有1000多种,仅显花植物就有700多种。既有北方的红松,又有南方的翠竹。主要植被类型是针、阔叶混交林,柞、枫、榆、椴、白蜡树等,阔叶树种属繁多。"一种一属"的金刚秀线菊、金刚沙参、白桔梗、金刚面包树、金刚灯笼花、金刚吊钟花等,是朝鲜全国闻名的特产植物。

☆ 清澈碧绿的潭水

济州岛——韩国的夏威夷

济州岛是韩国最大的岛屿,整个济州岛就是一座山。济州岛是一座典型的火山岛,120万年前开始火山活动而形成的,岛中央是通过火山爆发而形成的海拔1951米的韩国最高峰——汉拿山。海洋性气候的济州岛素有"韩国的夏威夷"之称。

济州岛是韩国第一大岛,也称耽罗岛,包括牛岛、卧岛、兄弟岛、遮归岛、蚊岛、虎岛等34个属岛,这些岛屿都是垂钓和游览的胜地。相传济州岛是由索罗满勒女神取汉江的土撒落在南海堆积而成,所以又有"神话之岛"的美称。全岛呈东西长的椭圆形,面积1825平方千米。岛上有45个熔岩洞窟,最大的洞窟是万丈窟,还有霹雳摩芝窟、黄金窟、挟才窟、蛇窟、轮盘窟、昭天窟等,全岛洞窟的总长度约有1.4万米。

韩国国土的70%是山地和丘陵,但是高山并不多,汉拿山是国内的最高峰。它是一座死火山,最后一次爆发是1007年,流出的熔岩形成了许多隧洞、石柱,迅速冷却的玄武岩又形成了许多奇特的景观。山顶巨大的火山口上是郁郁葱葱的大草原,辽阔的草原上牛、马、羊成群。山下的野花有1800多种,很多是稀有品种。山顶上还有著名的火山口湖——白鹿潭,传说是女神沐发之地。

在济州岛西海岸有一奇岩叫龙头岩,相传因有一龙得罪了海龙王,在此被化成了岩石,此景是济州岛十景之一。东海岸的城山半岛突出海中成"丁"字形,岛上有城山日出峰,此处可以晨观日出。济州岛南岸的西

☆ 神话之岛——济州岛

归浦海岸，有美丽而细软的新月形沙滩，也有很多玄武岩景观。这里还有一座五星级的济州海雅特旅馆，造型极为特殊，像个七角形的大蜂窝，每个房间都有一个很大的观景阳台，面向海滩、草地、山林等各种不同的景色。旅馆底层装修了一个3层楼高的室内岩石花园，室内外各有一个绝妙的游泳池，园外便是海滨浴场。

在济州岛上，到处都能见到一个长相奇特、引人注目的"石头爷爷"，他便是济州岛的象征——多尔哈鲁邦。他有一对大而突出且永远睁不开的眼睛，圆圆的鼻子，宽大的耳朵，紧闭的大嘴，头上戴着一顶大帽子，两手端正地放在肚子上，其形态滑稽可爱，表情似怒似喜，在漫长的岁月里，他一直守护着济州岛。最初，岛上只有45座"石头爷爷"，大部分立于城门前。后来岛上旅游业发展迅速，当地人认为是他的守护给岛上带来好运，于是更加偏爱他，"石头爷爷"在岛上迅猛繁衍，发展到随处可见用火山石制作的"石头爷爷"，如今已有近千个。

· 知识链接 ·

济州岛的历史文化：

济州岛是个"神话之岛"，关于它

的历史,就是个传奇神话。据说有三位仙人,他们遇到从东海碧浪国乘木舟而来的三位公主,她们带着牛马和五谷的种子。三位仙人和这三位公主结了婚,之后就建立村落,开始长期生活。济州著名的景点"三姓穴"就是关于这个神话的历史遗迹。据说三国时期济州已有被称为"耽罗"的古代国家,高丽高宗时才改称"济州"。

济州特别自治道的历史可以追溯到石器时代。通过对遗迹的发掘,发现有打制石器、磨制石器等遗物,还出土了青铜器、铁器时代的遗物,由此可知,当时的人们在洞穴或岩窟中居住。支石墓、磨制石器、土器、瓮棺墓等散布于岛内四处,是研究济州历史起源的重要资料。 济州的古名有岛夷、东瀛州、涉罗、耽牟罗、托罗等,这些名称中,除了"东瀛州"以外,都是"岛国"的意思。

☆ 济州岛成山日出峰风光

富士山——日本的圣山

富士山是日本的象征，当然也是日本人心中的圣山。她站在那里，孤傲而美丽，当山花烂漫的时候，这里会变得更加的迷人。

富士山是日本第一高峰，位于本州岛中南部，跨静冈、山梨两县，为伊豆公园的一部分。富士山海拔3776米，山体呈圆锥状，山峰高耸入云，山巅白雪皑皑。

富士山是世界上最大的活火山之一。自公元781年有文字记载以来，共喷发过18次，最近一次是1707年，此后变成休眠火山。

作为日本的经典象征之一，景色秀丽的富士山世界闻名。如果远远地仰视富士山，你会感受到这座山的优美，像一个穿着白裙子的姑娘。

富士山山体高耸入云，山巅白雪皑皑，放眼望去，好似一把悬空倒挂的扇子，因此有人用"玉扇倒悬东海天，富士白雪映朝阳"的诗来赞美它。

富士山的北麓有富士五湖。从东向西分别为山中湖、河口湖、西湖、精进湖和本栖湖。山中湖最大，面积为6.75平方千米。湖畔有许多运动设施，可以打网球、滑水、垂钓、露营和划船等。湖东南的忍野村，有涌池、镜池等8个池塘，总称"忍野八海"，与山中湖相通。河口湖是五湖中开发最早的，这里交通十分便利，已成为五湖观光的中心。湖中的鹈岛是五湖中唯一的岛屿。岛上有一专门

☆ 富士山山巅的皑皑白雪

保佑孕妇安产的神社。湖上还有长达1260米的跨湖大桥。河口湖中所映的富士山倒影，被称作富士山奇景之一。

富士山的南麓是一片辽阔的高原地带，绿草如茵，为牛羊成群的观光牧场。山的西南麓有著名的白系瀑布和音止瀑布。白系瀑布落差26米，从岩壁上分成十余条细流，似无数白练自空而降，形成一个宽130多米的雨帘，颇为壮观。音止瀑布则似一根巨柱从高处冲击而下，声如雷鸣，震天动地。富士山也称得上是一座天然植物园，山上的各种植物多达2000余种。

☆ 玉扇倒悬东海天，富士白雪映朝阳

· 知识链接 ·

形成原因：

作为日本自然美景最重要的象征，富士山是距今约一万年前，过去曾为岛屿的伊豆半岛，由于地壳变动而与本州岛激烈互撞挤压时所隆起形成的山脉，是一座有史以来曾经记载过十几次喷火纪录的活火山。

山顶为直径约八百米、深度二百米的火山口，据说在空中鸟瞰则有如一朵灿开的莲花般美丽，不过那是极少数人才能有幸亲身领会的一种风貌。

山体呈圆锥状，有文字记载以来共喷发18次，最近一次喷发在1707年，目前虽然处于休眠状态，但仍有喷气现象，形成约有1万年，是典型的层状火山。基底为第三纪地层。第四纪初，火山熔岩冲破第三纪地层，喷发堆积形成山体，后经多次喷发，火山喷发物层层堆积，成为锥状成层火山。

红海——红色的海洋之花

横亘在非洲北部与阿拉伯半岛之间的红海，形状狭长，如一头张嘴的鳄鱼。红海是印度洋的陆间海，实际是东非大裂谷的北部延伸。红海的海水很清澈，二三十米下的海中，珊瑚像一根根柱子，一直长到海面附近。在这样的景致中，让游人只想化作一条鱼，与色彩斑斓的珊瑚为伴，与欢快嬉戏的鱼群共舞。

红海的海滩是大自然精美的馈赠。清澈碧蓝的海水下面，生长着五颜六色的珊瑚和稀有的海洋生物。远处层林叠染，连绵的山峦与海岸遥相呼应，山峦海岸之间是适宜露营的宽阔平原，这些鬼斧神工的自然景观和冬夏都非常宜人的气候共同组成了美轮美奂的风景画，让游人陶醉于人间天堂之中。

红海名字的由来有很多种说法，有的说因为倒映在海水中的西奈山岩在日照下发出炫目的红色；有的说是红海被阿拉伯沙漠和撒哈拉沙漠包围，是真正的沙漠中的海；有的说在古代西亚人眼中，黑色代表北方，红色代表南方，红海就是"南方的海"；还有的说是海内的红藻曾季节性地大量繁殖，整个海面都变成了红褐色，因而叫做红海。

横亘在非洲北部与阿拉伯半岛之间的红海，形状狭长，如一头张嘴的鳄鱼。受东西两侧热带沙漠夹峙，红海常年降水量少，蒸发量却很高，是世界上水温和含盐量最高的海域之一。

红海是印度洋的陆间海，实际是东非大裂谷的北部延伸。按海底扩

☆ 红海中色彩斑斓的珊瑚

张和板块构造理论，认为红海和亚丁湾是海洋的雏形。据研究，红海底部确属海洋性的硅镁层岩石，在海底轴部也有如大洋中脊的水平错断的长裂缝，并被破裂带连接起来。非洲大陆与阿拉伯半岛开始分离在2千万年前的中新世，目前还在以每年0.01米的速度继续扩张。

红海的水下两侧有宽阔的大陆架，海底像一个大的"刻槽"，深深地嵌进两侧的大陆架之中。在主海槽槽底的中部又裂开为一个更深的轴海槽。在轴海槽中有着无数的裂谷、缝隙、管道和坑穴，它相当狭窄，但它的深度很深。轴海槽和主海槽差不多和红海一样长，但在红海北端的西奈半岛附近，它们又分叉成为苏伊士湾和喀巴湾，槽中有槽的地貌形态就不那么明显了。

科学家们进一步研究认为，在距今约4000万年前，地球上根本没有红海，后来在今天非洲和阿拉伯两个大陆隆起部分轴部的岩石基底，发生了地壳张裂。当时有一部分海水乘机进入，使裂缝处成为一个封闭的浅海。在大陆裂谷形成的同时，海底发生扩张，熔岩上涌到地表，不断产生新的海洋地壳，古老的大陆岩石基底则被逐渐推向两侧。后来，由于强烈的蒸发作用，使得这里的海水又慢慢地干涸了，巨厚的蒸发岩被沉积下来，形成了现在红海的主海槽。

红海的海水很清澈，二三十米下的海中，珊瑚像一根根柱子，一直长到海面附近。珊瑚上附着很多海藻、海葵、海胆、螃蟹等生物，色彩斑斓的鱼群围着珊瑚游来游去，海水在光影映照下，变幻出湛蓝、黛青、碧绿。在这样的景致中，游艇再舒适奢华，待在上面也是浪费，让游人只想化作一条鱼，与色彩斑斓的珊瑚为伴，与欢快嬉戏的鱼群共舞。

·知识链接·

红海的形成历史：

红海是印度洋的陆间海，实际是东非大裂谷的北部延伸。按海底扩张和板块构造理论，认为红海和亚丁湾是海洋的雏形。据研究，红海底部确属海洋性的硅镁层岩石，在海底轴部也有如大洋中脊的水平错断的长裂缝，并被破裂带连接起来。非洲大陆与阿拉伯半岛开始分离在2千万年前的中新世，目前还在以每年1厘米的速度继续扩张。

死海——地球心窝的一汪泪水

"死海"奇景早已闻名于世,她的美妙之处超过你的想象。她与世上所有的海相比,美在雍容沉稳。由于海水的重量使平坦的海面激不起浪花,一波一波的水纹轻轻向岸边推来,如同轻展一绢绿绸。

死海是东非裂谷的北部延续部分。这是一块下沉的地壳夹在两个平行的地质断层崖之间。从该湖看沿摩崖高原边缘的东部断层崖比代表坡度较小的犹太隆皱特征的西部断层崖更为清晰。

死海是一个内陆盐湖,位于巴勒斯坦和约旦之间的约旦谷地。西岸为犹太山地,东岸为外约旦高原。约旦河从北注入,约旦河每年向死海注入5.4亿立方米水,另外还有4条不大但常年有水的河流从东面注入,由于夏季蒸发量大,冬季又有水注入,所以死海水位具有季节性变化。

死海长80千米,宽为18千米,最深处415米。湖东的利桑半岛将该湖划分为两个大小深浅不同的湖盆,北面的面积占3/4,无出口,进水主要靠约旦河,进水量大致与蒸发量相等,为世界上盐度最高的天然水体之一。

死海是世界的最低点,像深陷于地球心窝的一汪泪水。传说中,希律大帝用死海的海水缓解了国家的忧虑。现实中,死海的海水治愈了无数人的疾痛。

死海位于沙漠中,降雨极少且不规律,利桑半岛年降雨量为65毫米。冬季气候温暖,夏季炎热。湖水年蒸发量平均为1400毫米,因此湖面往往

☆ 死海是世界的最低点,像深陷于地球心窝的一汪泪水

形成浓雾。湖面水位有季节性变化。湖水上层富含硫酸盐与碳酸氢盐，底层富含硫化物、镁、钾、氯、溴，其底部饱含钠与氯化物，南岸塞杜姆有化工厂及盐场。

死海的水含盐量高达25%～30%，除个别的微生物外，没有任何动植物可以生存。当滚滚洪水流来之期，约旦河及其他溪流中的鱼虾被冲入死海，由于含盐量太高，水中又严重缺氧，这些鱼虾必死无疑。然而，人掉进死海却不会淹死。

游客们只要一到了死海就会迫不及待的奔向海水，死海波平如镜，不动声色。片刻之后，众人又奔回岸上，因为海水的盐分太浓皮肤会很痛，难以忍受。在死海里游泳，只能漂浮。全身放平于波上，但却不能挥臂伸腿畅游，否则便会被掀翻。

在水浅处你可以抓一把黝黑的死海泥随意涂抹于身上。据说，将死海泥抹遍全身，皮肤便会如婴儿般细腻。

· 知识链接 ·

死海的传说：

远古时候，这儿原来是一片大陆。村里男子们有一种恶习，先知鲁特劝他们改邪归正，但他们拒绝悔改。上帝决定惩罚他们，便暗中谕告鲁特，叫他携带家眷在某年某月某日离开村庄，并且告诫他离开村庄以后，不管身后发生多么重大的事故，都不准回过头去看。鲁特按照规定的时间离开了村庄，走了没多远，他的妻子因为好奇，偷偷地回过头去望了一眼。瞬间，好端端的村庄塌陷了，出现在她眼前的是一片汪洋大海，这就是死海。她因为违背上帝的告诫，立即变成了石人。虽然经过多少世纪的风雨，她仍然立在死海附近的山坡上，扭着头日日夜夜望着死海。上帝惩罚那些执迷不悟的人们：让他们既没有水喝，也没有水种庄稼。

青少年探索·发现之旅

第二章
欧 洲

　　欧罗巴给人的感觉是浪漫、奢华的。这种奢华不仅表现在物质上，同时也表现在人们对精神世界无限追求，伟大的艺术在这里找到真正的幸福。这片神奇的大陆就是产生奢华的地方。

阿尔卑斯山——天使迷恋的地方

无论在法国、奥地利，或是瑞士，无论从哪个角度，我们看到的阿尔卑斯山都像一幅美丽的图画。遥远的山林静如图画，玫瑰山麓的雾气正在阳光下消散，露水从蓝栎树和银冷杉的叶子上滴落下来，空气中洋溢着花和阳光的气息。这里是绝对宁静的世界。

尔卑斯山脉是耸立在欧洲南部的著名山脉，西起法国东南部尼斯附近的地中海海岸，呈弧形向北、东延伸，经意大利北部、瑞士南部、列支敦士登、德国西南部，东至奥地利的维也纳盆地。总面积约22万平方千米。长约1200千米，宽120千米～200千米，东宽西窄，平均海拔在3000米左右。

阿尔卑斯山脉是古地中海的一部分。早在1.8亿年前，由于板块运动，北大西洋扩张，南面的非洲板块向北面推进，古地中海下面的岩层受到挤压弯曲，向上拱起，由此造成的非洲和欧洲间相对运动形成的阿尔卑斯山系，其构造既年轻又复杂。阿尔卑斯造山运动时形成一种褶皱与断层相结合的大型构造推覆体，使一些巨大岩体被掀起移动数十千米，覆盖在其他岩体之上，形成了大型水平状的平卧褶皱。西阿尔卑斯山是这种推覆体构造的典型代表。

阿尔卑斯山脉地处温带和亚热带纬度之间，成为中欧温带大陆性湿润气候和南欧亚热带夏干气候的分界线，同时它本身具有山地垂直气候特征。山地气候冬凉夏暖，阳坡暖于阴坡。高峰全年寒冷，在海拔2000米处年平均气温为0℃。山地年降水量一般为1200毫米～2000毫米，但因地而异。海拔3000米左右的山区为最大降水带。高山区年降水量超过2500毫米，背风坡山间谷地只有750毫米。

阿尔卑斯山脉是欧洲许多河流的发源地和分水岭。多瑙河、莱茵河、波河、罗纳河都发源于此。山地河流上游，水流湍急，水力资源丰富，有利于发电。此外，此地栖息着各种动植物，具有代表性的有阿尔卑斯大角山羊、山兔、雷鸟、小羚羊和土拨鼠等。

阿尔卑斯山脉中几个植物带，反映了其海拔和气候的差异。在谷底和低矮山坡上生长着各种落叶树木，其中有椴树、栎树、山毛榉、白杨、榆、栗、花楸、白桦、挪威枫等。海拔较高处的树林中，最多的是针叶树，主要的品种为云杉、落叶松及其他各种松树。在西阿尔卑斯山脉的多数地方，云杉占优势的树林最高可生长在海拔2195米的地方。落叶松具有较好的御寒、抗旱和抵抗大风的能力，可在海拔高至2500米处生长，在海拔较低处有云杉混杂其间。在永久雪线以下和林木线以上约914米宽的地带是冰川作用侵蚀过的地区。这里覆盖着茂盛的草地，在短暂的盛夏期间有牛羊放牧。这些与众不同的草地——被称为alpages(高山盛夏牧场)，阿尔卑斯山脉和植物带都是从这个词衍生出来的，都位于主要的、横向的山谷上方。在沿海阿尔卑斯山脉南麓和意大利阿尔卑斯山脉南部，主要是地中海

☆ 阿尔卑斯是牧人的乐园

植物，有海岸松、棕榈、稀疏的林地和龙舌兰，仙人果也不少。

阿尔卑斯山的迷人风光曾令无数的登山家、艺术家为之倾倒。2001年，拥有阿尔卑斯山最著名的山峰和欧洲最大冰川盛名的"少女峰、阿雷奇冰川、比奇峰"地区被列入世界遗产。在阿尔卑斯山，并肩耸立着几十座海拔4000多米的高峰。其中，以艾格峰、僧侣峰和少女峰最为著名。艾格峰的北侧异常陡峭，刀削般的绝壁就连皑皑白雪也堆积不住。平均坡度70度，垂直落差1800米，敢于向这一组数字挑战的人，需要高超的攀岩技巧和过人的勇气，这里是国际登山界公认的难关。

少女峰，就如她的名字一样，冰清玉洁，卓尔不群。她的下面是欧洲最大、最长的阿雷奇冰川。这里是欧洲大陆的分水岭，积雪融化后，北侧汇成莱茵河流向北海，南侧流入地中海。过去，在人们的眼中，阿尔卑斯山仅仅是阻碍交通的天堑，并无美丽可言。而18世纪的浪漫主义之父——卢梭，却发现了阿尔卑斯山独特的魅力。今天，你仍然可以感受到那被浪漫派文学家喻为牧人乐园的生活，清新、悠然、宁静与随意。卢梭笔下的山岳美景令众多的欧洲人为阿尔卑斯山所倾倒，对她心驰神往。

湿地大多存在于海岸地区或大江大湖的附近，阿尔卑斯山脚下却存在着欧洲最大的湿地。玛努所在地区有丰富的湖群，它们调节和控制着玛努湿地的生态环境，也是这片湿地形成的原因。玛努的别名叫"蓝色原野"，天气好的时候你可以看到楚格峰沐浴在一片蔚蓝中。神奇的蓝色从玛努沼泽的上空一直延伸到远方，最后消失在群山脚下的云层中。就是这片宁静的旷野和它那蓝色使玛努在20世纪上半叶成为欧洲的一处现代艺术重镇。现代艺术史上著名的"蓝色的原野骑士"群体就出现在玛努。这群为后来"表现主义"的诞生奠定了基础的现代艺术家，无论是嘉碧里勒还

是康定斯基，当时都喜欢用醒目和夸张的蓝色来描绘玛努的天空和湖泊，似乎没有重彩浓绘则不足以表现这片沉静和美丽的土地上那特有的神奇的色彩。

·知识链接·

勃朗峰：

阿尔卑斯山脉最高峰，也是西欧第一高峰，海拔4810.90米，法语意为"银白色山峰"，位于法国和意大利边境。自小圣伯纳德山口向北延伸约48千米，最宽处16千米，包括有塔古尔勃朗、莫迪、艾吉耶、多伦、韦尔特等9座海拔超过4000米的山峰。山体由结晶岩层组成。勃朗峰地势高耸，常年受西风影响，降水丰富。冬季积雪，夏不融化，白雪皑皑，冰川发育，约有200平方千米为冰川覆盖，顺坡下滑，西北坡法国一侧有著名的梅德冰川，东南坡意大利一侧有米阿杰和布伦瓦等大冰川。勃朗峰设有空中缆车和冬季体育设施，为登山运动胜地；同时山峰雄伟，风光旖旎，是阿尔卑斯山最大的旅游中心。勃朗峰下筑有公路隧道，起自法国的沙漠尼山谷到意大利的库马约尔，长11.6千米，法、意两国先后于1958年和1959年开工，分别从两端开凿，1962年8月会合，1965年建成通车，使巴黎到罗马的里程缩短了约220千米。

☆ 阿尔卑斯山脚下的玛努湿地

维苏威火山——愤怒的火焰

维苏威火山在1.2万年中不时喷发,火山口总是缭绕着缕缕上升的烟雾,散发的热量足以点燃一张纸。山脚下遍布着果园和葡萄园,而火山上的石坡则显得荒凉和险恶。20世纪维苏威火山已发生了6次大规模的喷发。

维苏威火山是意大利南部的活火山,位于坎帕尼亚平原的那不勒斯湾畔,其西部山基几乎全在湾内。

维苏威火山最早形成于地质史上的更新世晚期,大约不到20万年。虽为比较年轻的火山,但多少个世纪以来一直处于休眠中。

从高空俯瞰维苏威火山的全貌,那是一个漂亮的近圆形的火山口,是公元79年那次大喷发形成的。维苏威火山并不太高,走在火山渣上面脚底下还发出沙沙的声音。由于维苏威火山一直很活跃,因此后期形成的新火山上植被一直没有长出,看起来有点秃,而早期喷发形成的位于新火山外围的苏玛山上已有了稀疏的树木。站在火山口边缘上可以看清整个火山口的情况,火山口深约一百多米,由黄、红褐色的固结熔岩和火山渣组成。从熔岩和火山灰的堆积情况还可看出维苏威火山经历了多次喷发,熔岩和火山灰经常交替出现。尽管自1944年以来维苏威火山没再出现喷发活动,但平时维苏威火山仍不时地有喷气现象,说明火山并未"死去",只是处于休眠状态。

维苏威火山的底部不长草木,地势比较平坦。火山锥的外缘山坡,覆盖着适于耕种的肥沃土壤,山脚下曾经坐落着赫库兰尼姆和庞贝两座繁荣的城市。可惜两座古城公元79年毁于维苏威火山大爆发。

☆ 喷发的维苏威火山

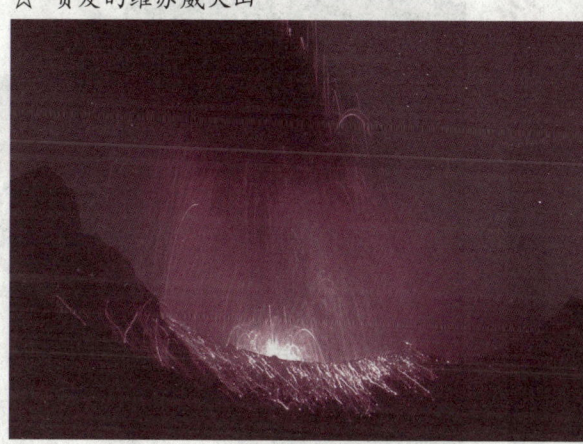

被火山喷出物所埋没的两座古城直到18世纪才被发掘出来得以重见天日。赫库兰尼姆城较先发现。1713年在这里开凿的一口井，无意中打在了被埋没的圆形剧场上面，后来又发现了赫求勒斯和克里奥帕托的雕像。被发现和发掘的还有史比达镇，在这个小镇的废墟中，发现了几副人的骨骼以及有字的古纸卷等，然而这些纸卷已经无法阅读了。

· 知识链接 ·

庞贝古城的建筑特色：

古城略呈长方形，有城墙环绕，四面设置城门，城内大街纵横交错，街坊布局有如棋盘。据记载，庞贝城是由奥斯坎斯部落兴建的，它已是一座人口稠密，商旅云集的小城。公元前89年，庞贝城被罗马人占领，成为罗马共和国的属地。到公元79年为止，这里已经成为富人的乐园，贵族富商纷纷到此营建豪华别墅，尽情寻欢作乐。庞贝城人口超过2.5万人，成为闻名遐迩的酒色之都。重要建筑围绕市政广场，有朱庇特神庙、阿波罗神庙、大会堂、浴场、商场等，还有剧场、体育馆、斗兽场、引水道等罗马市政建筑必备设施。作坊店铺众多，都按行业分街坊设置，连同大量居民住宅。构成研究罗马民用建筑的重要实物。富裕之家一般均有花园，主宅环绕中央天井布置厅堂居室。花园中有古典柱廊和大理石雕像，厅堂廊庑多施壁画（见庞贝壁画），是古典壁画重要的遗存。这些壁画都有较高水平，它们被发现后，对欧洲的新古典主义艺术影响甚大。

☆ 重现天日的庞贝古城

易北河——中欧的航运脊梁

易北河是汇集距捷克-波兰边境数里的克尔科诺谢山中许多源头小溪而形成的,是中欧主要航运水道之一。

易北河在捷克共和国境内流向南而转向西,形成一个约362千米长的宽弧,在梅尔尼克与伏尔塔瓦河汇合,又在下方29千米处与奥赫热河合流,是中欧主要航运水道之一。

易北河流向西北,从捷克共和国出发,穿过德国,注入北海。它起源于捷克共和国和波兰边境附近克尔科诺谢山南侧,呈弧形,穿过波希米亚,约在德勒斯登东南40千米处进入德国东部,其余河道完全处于德国境内,河口位于北海岸上的库克斯港。

在德累斯顿以南不远处的易北河谷,簇拥在一起的岩堡,分布于河流两岸,它们是由8000万年前的砂岩经过极其漫长的侵蚀慢慢形成的。这种岩堡集城堡与角塔、尖顶与拱顶的哥特式奇妙风格于一身,易北河峡谷把这些岩堡分隔开。峡谷中,急泻而下的瀑布和汹涌奔腾的河水发出的咆哮声随处可闻。

易北河下游,自河口上溯远至汉堡上方的盖斯特哈赫特,是有潮水涨落的,河水常定期倒灌。汉堡平均潮高约2米,在暴风雨期间,潮水上涨得更高。

·知识链接·

易北河会师:

1945年3月,美英等国盟军强渡莱茵河,向德国腹地挺进。4月,美军在

☆ 易北河流过德累斯顿市

取得鲁尔战役胜利后，以每天50～80千米的速度于11日进抵易北河畔。18日，美军第9集团军占领易北河畔的马格德堡。19日，英第2集团军进抵易北河畔的劳恩堡，美第1集团军占领莱比锡。与此同时，东线的苏军于4月16日从奥得河边向西面发动强大的攻势，开始实施攻占柏林的战役。4月25日，美第1集团军第69师的一部在柏林南部120千米处易北河畔的托尔高地区与苏军会师。美苏双方商定，两军沿易北河及其支流穆尔德河一线会合。易北河会师，把德军截成南北两段，反法西斯德国的东、西两条战线从此连接。为庆祝盟军易北河会师，斯大林命令莫斯科鸣放礼炮，并发表《告红军和盟军书》，向红军和盟军致敬。

☆ 静静的易北河

比利牛斯山——天然的大屏障

比利牛斯山位于西南欧,法国和西班牙两国的交界处,分隔欧洲大陆与伊比利亚半岛,山中有小国安道尔和比利牛斯山国家公园。它西起大西洋比斯开湾,止于地中海岸,风光秀美,吸引了世界各地的游人前来观光。

比利牛斯山是欧洲西南部山脉,法国与西班牙两国的界山。东起地中海海岸,西止大西洋比斯开湾畔,全长约430千米;西端,它沿着伊比利半岛北海岸逐渐弯曲而与坎塔布连山脉相连接。除少数地方外,比利牛斯山脉的山顶就是法、西两国分界线的明显标志,不过有个小自治公国安道尔位于群峰竞立的峡谷之中。最高点是中比利牛斯山脉马拉德塔山的阿内托峰。

庞大的比利牛斯山实际上是阿尔卑斯山脉的延伸,具有阿尔卑斯山脉的自然特征。山体主要由花岗岩、古生代页岩和石英岩构成,遍布冰蚀谷、冰蚀湖,冰川广泛发育。现代冰川多集中在冰斗和悬谷之内。

比利牛斯山气候和植被垂直变化明显。以南坡为例,海拔400米以下及山麓地带,冬季气温-6℃~2℃,大气湿度较小,有典型的地中海型植物,如石生栎、油橄榄、栓皮栎等;海拔400米~1300米之间,冬季气温-6℃~-13℃,降水较多,是落叶林和其他阔叶落叶林分布带;海拔1300米~1700米之间,冬季气温-13℃~-16℃,降水量多,是山毛榉和冷杉组成的混交林带;海拔1700米~2300米之间,冬季气温-16℃~-20℃,主要为高山针叶松林带;海拔2300米以上则为高山草甸;海拔2800

☆ 法国与西班牙两国界山——比利牛斯山

米为雪线所在，有稳定的冰雪覆盖层。

比利牛斯山是欧洲大陆与伊比利亚半岛的天然屏障。山脉构造具有阿尔卑斯山脉的特征。按地理环境可分西、中、东3个自然区。大西洋水系河流水位变化不大，地中海水系河流水位冬夏变化明显。山北属温带海洋性气候，山南属地中海气候，气候和植被垂直变化明显。山地多森林，多硫磺温泉，以温泉浴著称。

比利牛斯山脉是一串古老山脉地质的再现，而不是像阿尔卑斯山脉那样是比较近代、强劲活跃的造山运动的产物。大约5亿年以前，覆盖现由比利牛斯山脉所占据的这一区域的是古生代时期所创造的褶皱山脉——海西山脉，现今法国的中央高原和西班牙的中央高地仅为其两处残留物而已。这些高山自其出现以来，其他高山比较平静，没有什么内部变形或地壳变动，而比利牛斯地块却沉没在地壳较不稳定的区域之中。

最早形成的地层是堆在花岗岩基础上被严重褶皱的沉积物，它们沉没后又由第二层沉积物所覆。后来，它们被再一次高高隆起，成为两条平行的山脉，在原先海西山脉的南边和北边延伸。这样，它们便成为两条先比利牛斯山脊带，其中西班牙的山脊带发育得更充分，这些山脊带就是现在

比利牛斯山主脉的大山嘴。

东比利牛斯山又称为地中海比利牛斯山，是从加龙河上游到地中海海岸的一段，这段山脉海拔较低，多为由结晶岩组成的块状山地和山间盆地。

· 知识链接 ·

安道尔公国：

由于安道尔境内高山环抱，峰峦相映，最高峰科多佩特罗峰海拔2975米，并拥有天然的滑雪场与狩猎场，可供游客滑雪打猎自娱。过了冬天，群山披绿，万木复苏，景色迷人，再加上山间湖泊，流水潺潺，城中奇特的风情建筑，构成了一幅美丽的图画，使安道尔成为一个极具魅力的度假中心，吸引着全世界的人们。安道尔为了促进旅游业的发展，兴建了各种旅游设施，如：高级旅馆、体育场馆、游览区、滑雪场、登山中心等。此外，旅游业也促进了小城商业的发展，大小商店遍布各处，被称为"千家商店之国"。安道尔公国就像一颗明珠镶嵌在比利牛斯山中，让大自然的壮丽增添了人工的精巧。

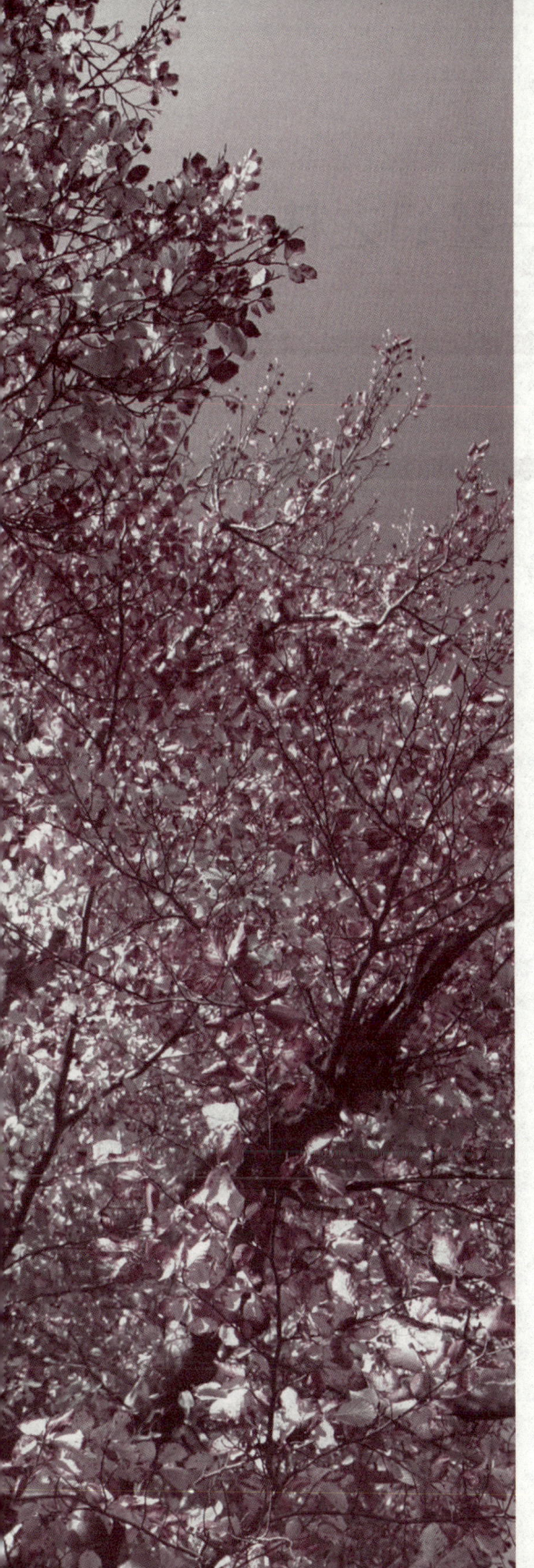

☆ 生长在比利牛斯山上的茂密树林

黑森林——梦幻之林

黑森林是德国最大的森林山脉，位于德国西南部的巴登—符腾堡州。黑森林的西边和南边是莱茵河谷，最高峰是海拔1493米的菲尔德山。

黑森林，又称条顿森林，位于德国西南巴符州山区，由于在南北长160千米，东西长60千米连绵起伏的山区内，密布着大片的森林，远远望去，黑压压的一片，因此得名"黑森林"。

黑森林是德国的旅游胜地，许多格林童话中的故事，比如《白雪公主》《灰姑娘》都发生在黑森林中。它是德国中等山脉中最具吸引力的地方，这里到处是参天笔直的杉树，林山总面积约6000平方千米。黑森林是多瑙河与内卡河的发源地。山势陡峭、风景如画的金齐希峡谷将山腰劈为南北两段，北部为砂岩地，森林茂密，地势高峻，气候寒冷。南部地势较低，土壤肥沃，山谷内气候适中。金齐希峡谷沿途的深山湖泊、幽谷森林等原始景观也深深地吸引着人们的兴趣。

·知识链接·

灰姑娘：

灰姑娘是《格林童话》中塑造出的童话人物形象，讲述的是一个孝顺且心地善良的女孩子，长期受到继母和姐姐们的虐待，在厨房里做女佣，每天都是灰头土脸脏兮兮的，后来由于善待小动物而且孝感动天，所以得到了仙女的帮助，在历尽继母和姐姐们的阻挠后终于和王子快乐地生活在一起的故事。

☆ 黑森林

挪威北角——世界的尽头

夏天,这里是有名的午夜太阳区,太阳整晚都照射着大地。冬季,这里没有白天,但或绿或红的极光绝对能补偿你对光的渴望。这里就是欧洲的最北海岬——北角。

北角是挪威最北端,位于挪威芬玛省的麦格莱岛上,它也是欧洲最北端的海岬。从北角到北极点仅有2110千米。

北角地区的地形是一片横切前寒武纪砂岩层的高原,沿海一面呈峭壁,海拔307米,气势雄伟。1553年,一位英国船长理查德,带领船队绕过欧洲最北端时,将这一雄伟壮丽的海角命名为"北角"。1873年瑞典国王奥斯卡尔二世到访之后,此地便名声大振。

北角所属马格尔岛面积436平方千米。岛上有5个小渔村,居民2000多人,其中3/4住在汉宁思域渔村内。捕捞是这里主要的收入来源,其次是旅游业。

来到北角,不仅不让人感到凄美和绝望,更多的则是给人们带来神秘的遐想和无限的憧憬。远远看去,那块花岗岩从悬崖边翘出。多少年来,这块古老的岩石就是渔民、商人和海盗的航海标志。岩石上矗立着一座镂空的地球仪雕塑就是北角的地标。周围是几近垂直的悬崖,下面是壮阔的北冰洋,观景台入口处有一座彩色石块堆成的四方台,上端立着指向北方的箭头,箭杆上标明了北角的纬度——北纬71°10′21″。

· 知识链接 ·

诺尔辰角:

诺尔辰角在挪威北部诺尔辰半岛上。西近拉克塞峡湾,东近加姆维克市镇,位于梅港海岸,为欧洲大陆的极北点。位于北纬70°55′、东经27°45′。诺尔辰角距北极2106.6千米,比北角更南6千米。

罗弗敦群岛——罗弗敦之墙

壮观的罗弗敦群岛是由上古的冰川雕琢而成的。韦斯特峡湾把它和挪威大陆隔离了开来,把它孤零零留在了辽阔的海上。尽管如此,从远处看上去,群岛仍然像一条似有似无的链子永远连在一起。因此,当地人又叫它"罗弗敦围墙"。

"**罗**弗敦"在挪威语中是"山猫脚"的意思,同时也暗指其邻海拔地而起的一列险峻的岛屿——"罗弗敦之墙"。

这堵"罗弗敦之墙"在西部峡湾与北海之间形成了一道长达160千米的屏障。岛峰由花岗岩和火山岸构成,经受了上一次冰河时代冰川的冲刷、削凿,从而形成了现在几乎可与阿尔卑斯山脉相媲美的旷野,以及壮观的地貌。在石器时代,这里曾经短暂地生活过一种珍奇的矮钟马。这种马站起来只有1.2米高,但却出奇的强壮、耐劳。可惜的是这种马现在已经绝迹,只有在阜尔根博物馆还存有一个剥制的标本。

罗苏弗敦群岛是位于挪威北部挪威海中的群岛,面积约1425平方千米,南北延伸约111千米。包括奥斯特沃、伊姆绥、西沃格、弗拉克斯塔和莫斯克内斯5个主岛,所有岛屿均在北极圈内,与大陆之间隔有弗斯特峡湾。岛间海峡流水湍急。因受北大西洋暖流影响,气候较温和。岛上多沼泽、山丘,最高峰1161米。四周海域盛产鳕鱼、鲱鱼,捕捞后多制成鱼干和熏鱼。广义的罗弗敦群岛包括西奥伦群岛。

·知识链接·

群岛最高峰:

最高峰是奥斯特沃岛上的希格拉弗斯廷。虽然地处北极圈以北,但由于受北大西洋暖流的影响,气温不是很低。岛峰由花岗岩和火山岸构成,经受了上一次冰河时代冰川的冲刷、削凿,从而形成了现在几乎可与阿尔卑斯山脉相媲美的旷野,以及壮观的地貌。该群岛风景优美,许多艺术家来此作画。

科莫湖——美丽的米兰后花园

如果有人问你"天堂"在哪里？我们会说天堂是凡人无法到达的地方，那里住着上帝和神仙。可是如果你到过这样的地方，它的灵魂，它的声音，它的风貌能把你迷得神魂颠倒，你就会相信"天堂"就在人间。到了科莫湖，你就会发现，原来天堂就在这里。

欧洲的阿尔卑斯山区，静淌着一连串冰川湖，碧波悠漾，风光旖旎。法国作曲家加布里埃尔·弗雷曾羡叹："这些湖泊芳名如歌，召魂唤神，让我感到一种魅惑。"这十几座大小水泊除洛迦诺湖位于瑞士外，其余皆分布于意大利北部，统称"意大利湖泊"，是世界自然的奇景。古往今来，各国王公贵胄、文人骚客络绎不绝。维吉尔、拜伦、雪莱、司汤达、大仲马、狄更斯、罗西尼、贝里尼、李斯特、瓦格纳、威尔第等都曾到此一游，至今留有踪迹。

"意大利湖泊"中，以科莫湖、加尔达湖、马焦雷湖、奥尔塔湖、依德罗湖、伊塞奥湖、瓦莱思湖和雷戈湖最著名。其中以科莫湖最具诗意。19世纪时，英国浪漫派诗人雪莱对科莫湖十分迷恋，说："这是我所见的最优美的景致。"

科莫湖曲折、狭长，湖岸高峻陡峭，极像挪威、冰岛的峡湾。四周白雪皑皑的群山壮丽威严，仿佛正是这雄伟的崇山峻岭将科莫湖挤压得这般狭窄、曲折、细长。一旦身临其境，必定终生难忘，一有机会，定会故地重游。

然而，或许是因为意大利的历史

☆ 米兰的后花园——科莫湖

与文化给的人印象太过深刻,对于一般的观光客,他们都迷失在了古城庞贝或梵蒂冈,托斯卡纳的明媚或西西里岛的神秘,以及集纳文艺复兴精华的佛罗伦萨或汇聚当今时尚的米兰。当然,还有罗马、威尼斯,即使那个小小的维罗纳,也因罗密欧和朱丽叶的美丽故事而让游客魂牵梦萦。于是许多游客就在意大利历史与文化的庞大遗迹之中,与科莫湖擦肩而过。

实际上,乔治·卢卡斯在导演《星球大战Ⅱ:克隆人进攻》时,就把天行者安纳金和艾米达拉萌生爱意的外景地,选择在了宁静如画的科莫湖。卢卡斯大概想不到,这个他自己度假偶尔发现的美丽所在,这个让安纳金的扮演者海登·克里斯坦森赞叹不已,认为"美得简直不像真的,甚至完全就像是天生属于《星球大战》电影一部分"的人间仙境,竟让不少

☆ 宁静如花的科莫湖

观众误以为它是电脑制作的场景。

·知识链接·

梵蒂冈：

梵蒂冈位于欧洲，地理坐标（41°54′10″N，12°27′11″E），面积0.44平方千米，是世界上面积最小的一个独立的主权国家，由于四面都与意大利接壤，故称"国中国"。同时也是全世界天主教的中心——以教宗为首的教廷的所在地。位于意大利首都罗马城西北边的梵蒂冈高地上。领土包括圣伯多禄广场、圣伯多禄大殿、宗座宫、教宗避暑胜地（冈道尔夫堡）和梵蒂冈博物馆等。国土大致呈三角形，除位于城东南的圣伯多禄广场外，三面都有城墙环绕。它地处台伯河右岸，以四周城墙为国界，另外，有一条"密道"从著名的圣天使堡通向梵蒂冈城内。

挪威峡湾——最美的破碎海岸

在中国乃至亚洲大陆并没有峡湾,除新西兰、智利等国偶有所见外,世界上80%的峡湾都在欧洲,而欧洲的峡湾主要在北欧,北欧的峡湾则主要在挪威。挪威以峡湾闻名,有"峡湾国家"之称。

挪威是一个疆域狭长的国家,东西间窄,最窄的地方仅6千米,南北间却很长,南北间的直线距离长达1752千米。然而,挪威的海岸线却有2万多千米,是南北疆域直线距离的10倍以上,其中主要的原因就是因为有着诸多的峡湾。

峡湾是挪威最具特点的自然环境,如果说峡湾是挪威的灵魂,那毫不为过。挪威峡湾之多,几乎可以布满整个海岸线,挪威的海岸线异常曲折,初看像巨大的河流,但两岸又有着陡峭的悬崖和雪山,窄如细指的水流挤出一条道路,从峡湾注入内陆的山岳中,形成无数的大小瀑布。这个因高纬度、冰川作用、巨大山体、大西洋海水这四大因素组成的自然景观形成了挪威独一无二的美景——峡湾。

挪威的峡湾绮丽宏伟,再没有任何类似的自然景观能如此牵动人心。只有亲眼见证了那由无数的冰河遗迹构筑起的峡湾风光之后,才能真正感受到这个北欧国家惊心动魄的美丽,如历史上挪威海盗一般狂放不羁的独特个性。

挪威的海岸线是如此的支离破碎,是海水与陆地征战的结果。海岸

☆ 海水在峡湾内挤出了一条窄细如手指的水道

线用非常复杂的方式企图吞噬内陆,内陆被切割成了锯齿状,海水最终延伸到内地,形成了一条条内陆"河流",于是峡湾诞生了。

峡湾将海洋与岛屿、内陆融为一体,形成了挪威最独特的自然景观。深入大陆的峡湾深邃曲折,宽十余千米,长约几十到几百千米,水深通常都在几百米,最深可达到1200米,两岸是高峻的悬崖峭壁,紧紧地将海水护在其中。水面清澈碧蓝,因为有万丈高崖的守护,即使海面上风疾浪高,峡湾内也是波澜不惊,水面平滑如镜。到了涨潮的时候,汹涌的海水猛然涌上,似一面移动的水墙,向着峡湾奔腾而来,势如排山倒海,蔚为壮观。

人们认为,大约100万年前,冰川的厚度达到2000米~3000米。从1万年前开始,冰川开始融化并向海洋移动,在此过程中产生了巨大的力,将山谷切割成U型,海水倒灌的地方就形成了峡湾。加拿大、新西兰和智利都有峡湾,但最大的峡湾在挪威。无数的峡湾及其支流向内陆渗透着,并融于高山峻岭之中,形成了非常壮观的自然景象。随着高山上冰川积雪的融化,雪水从悬崖峭壁上奔腾而下,形成了瀑布,为峡湾增添了绚丽的色彩。

世界地质专家将挪威称为"峡湾国家",只有在欣赏了挪威西海岸

☆ 大西洋的海水在这里形成了一道道瀑布

连绵不绝的曲折峡湾和由无数冰河遗迹构筑的峡湾风光之后,才能感受到这个神奇国度最动人心魄的美丽。挪威最著名的四大峡湾是松恩峡湾、哈当厄尔峡湾、盖朗厄尔峡湾和吕瑟峡湾,曾被美国《国家地理》杂志评为"世界未受破坏的自然美景之首"。

松恩峡湾是西部峡湾、北海伸入内陆的水域,是挪威最长、最深的峡湾。松恩峡湾全长205千米,宽约5千米。湾口在卑尔根以北约73千米,并深切入海拔1520多米的山地。气势宏伟,景色优美,为旅游胜地。

峡湾向内分成几个小湾,包括奥兰峡湾和奈罗峡湾支流峡湾。前者

面临风景秀丽的弗洛姆山谷和世界上最陡峭的高山铁路支线——弗洛姆铁路,后者则是具有全欧洲最狭窄水道的峡湾,最窄处仅250米。这里的崖壁紧挤在一起,以至船只下行时似乎消逝在隧道中。沿途两侧的大部分山脉赫然耸立于水面之上,沐浴着清冷的日光,如同保护神,静静地守候着挪威,有时从船上还能看到野生海豹。

哈当厄尔峡湾全长179千米,是挪威四大峡湾中最为平缓的一处。哈当厄尔峡湾是个很大的峡湾,也有一些小的分支峡湾,爱的峡湾就是其中的一个。峡湾两岸山坡的果树鲜花盛开,缤纷烂漫。

哈当厄尔峡湾尽头是著名的休闲胜地——乌托内和洛夫特胡斯的乌伦斯旺地区。约800年前僧侣到此地种植了苹果树和杏树,每年5月开花,夏季结果。

☆ 哈当厄尔峡湾

哈当厄尔峡湾沿线也有许多壮观的瀑布，还有哈当厄尔韦德国立公园，挪威第三大规模的弗格丰纳冰河等景观。

・知识链接・

峡湾：

峡湾是一种特殊形式的槽谷，为海侵后被淹没的冰川槽谷，是冰川槽谷的一种特殊形式。在高纬度地区，大陆冰川和岛状冰盖能伸入海洋，冰川谷进入海面以下，继续深掘，拓宽冰床，冰期后海面上升，下端被海水入侵淹没，受海水影响，形成两侧岸壁平直、陡峭、谷底宽、深度大的海湾，即峡湾。

巨人之路——大自然的鬼斧神工

"巨人之路"从北爱尔兰安特里姆山脚一直延伸到大海中,如果不说,人们一定以为这是一处人工雕凿的景观,其实这些排列有序、雕琢精细的石柱,完全出自大自然的鬼斧神工。

在英国北爱尔兰的安特里姆平原边缘的岬角,沿着海岸悬崖的山脚下,大约有3.7万多根六边形或五边形、四边形的石柱组成的贾恩茨考斯韦角从大海中伸出来,从峭壁伸至海面,数千年如一日地屹立在大海之滨。被人们称为"巨人之路"。

组成巨人之路的石柱横截面宽度在0.37米~0.51米之间,延续约6000米长。这些柱子大都是六边形的,其中也不乏四边形、五边形、七边形和八边形的柱子,岬角最宽处宽约12米,最窄处仅有三四米,这也是石柱最高的地方。在这里,有的石柱高出海面6米以上,最高者可达12米左右,上面凝固的熔岩大约有0.28米厚。也有的石柱隐没于水下或与海面一般高。

站在一些比较矮小的石块上,可以看到它们的截面都是很规则的正多边形。因石柱的不同形状,人们给它们起了形象化的名称,如"烟囱管帽"和"大酒钵"等。

"巨人之路"海岸在苏葳海角和

☆ 从峭壁伸至海面的巨人之路

海湾之间，包括低潮区、峭壁，以及通向峭壁顶端的道路和一块平地。火山熔岩在不同时期分五六次溢出，因此形成峭壁的多层次结构。

"巨人之路"是这条海岸线上最具有玄武岩特色的地方。大量的玄武岩柱石排列在一起，形成壮观的玄武岩石柱林，气势磅礴。独特的玄武岩石柱不可思议地捆扎在一起，其间仅有极细小的裂缝。地质学家把这些裂缝称为节理，熔岩爆裂时所产生的节理一般具有垂直伸展的特点，在沿节理流动的水流作用下，久而久之便形成这种集聚在一起的多边形玄武岩柱。

从空中俯瞰，巨人之路这条赭褐色的石柱堤道在蔚蓝色大海的衬托下，格外醒目，惹人遐思。但是是什么样的自然伟力造就了这一举世闻名的奇观呢？

现代地质学家们通过研究其构造，揭开了"巨人之路"之谜。"巨人之路"实际上完全是一种天然的玄武岩。白垩纪末，雏形期的北大西洋开始持续地分裂和扩张，大西洋中脊就是分裂和扩张的中心，也是分离的板块边界。上地幔的岩浆从中脊的裂谷中上涌，覆盖着大片地域，熔岩层层相叠，最终形成了这个奇观。

·知识链接·

巨人之路的传说：

巨人之路又被称为巨人堤或巨人岬，这个名字起源于爱尔兰的民间传说。一种说法说"巨人之路"是由爱尔兰巨人芬·麦库尔建造的。他把岩柱一个一个运到海底，那样他就能走到苏格兰去与其对手芬·盖尔交战。当麦库尔完工时，他决定休息一会儿。而同时，他的对手芬·盖尔决定穿越爱尔兰来估量一下他的对手，却被麦库尔巨人那巨大的身躯吓坏了。尤其是在麦库尔的妻子告诉他，这事实上是巨人的孩子之后，盖尔在考虑这小孩的父亲该是怎

样的庞然大物时,也为自己的生命担心。他匆忙撤回苏格兰,并毁坏了其身后的堤道,以免芬·麦库尔走到苏格兰。现在堤道的所有残余都位于安特里姆海岸上。

另一种说法中,"巨人之路"是爱尔兰国王军的指挥官——巨人芬·麦库尔为了迎接他心爱的姑娘而专门修建的。传说爱尔兰国王军的指挥官巨人芬·麦库尔力大无穷,一次在同苏格兰巨人的打斗中,他随手拾起一块石块,掷向逃跑的对手。石块落在大海里,就成了今日的巨人岛。后来他爱上了住在内赫布里底群岛的巨人姑娘,为了接她到这里来,才建造了这么一条堤道。

☆ "巨人之路"石柱

棉花堡——白色的梯田温泉

在"棉花堡"你会听到这样一个传说:当年,牧羊人安迪密恩因为想着和希腊月神瑟莉妮幽会,竟然忘记了挤羊奶,致使羊奶恣意横流,覆盖了整座丘陵。这便是土耳其民间有关棉花堡形成的美丽传说。

棉花堡位于土耳其西南部的山区。如此可爱的名字,源自其外形像铺满棉花的城堡。所谓"棉花",就是泉水从山顶往下流,所经之处历经千百年钙化沉淀,形成层层相叠的半圆形白色天然石灰岩阶梯,远看像大朵大朵棉花矗立在山丘上,更像染白了的大梯田,所以土耳其人叫它"棉花堡"。

棉花堡多温泉,水温终年保持在36℃~38℃,水的pH约为6。温泉水从地底深处涌出,再从丘陵上沿边缘泻下,产生侵蚀和沉淀作用。经过漫长的岁月,白石灰岩积聚在表面被侵蚀成棉花状的梯形岩石,形成无数大大小小的白棉球层层相叠,远望好像一堆堆的棉絮阶梯,白色如雪,犹如棉花城堡,因此,大家通称这个地方为棉花堡,同时这里也是自古以来享誉于世的温泉之乡。温泉水汇成一个个的天然池,大大小小,成层叠状下降,从高低不同的地方闪烁着万千波光,景色非常奇特。

在这一个个天然的温泉水池中,人们可坐在里面泡温泉,既解乏,又治病。由于在棉花堡上的温泉是不收费的,所以来此泡温泉的游人络绎不绝。进入浴场,一定要赤脚,以防鞋底磨损棉花堡的石灰岩。棉花踩上去并不光滑,甚至有点举步维艰,但为了保护这片大自然的礼物,多数游人还是把它当成是免费的脚底按摩了。踏进泉水,暖暖的泉水让人有想马上泡进去的冲动。尤其是在炎热的夏天,温润凉爽的泉水更令人感谢这大自然赐予的奇迹。

由于棉花堡的存在,让土耳其成为人们最想拜访的国家之一。每年都有几千万拜访土耳其的旅客来到棉花堡,然而超红的人气却给棉花堡带来灾难,川流不息的游客与山下大量兴建的温泉旅馆,使得泉水量锐减。枯竭的水源使原本棉白色的地表转黑，土耳其当局意识到事态严重，宣布暂时关闭棉花堡的观光，让此地得以休养生息。重新开放之后，除了限制游客在棉花堡的游览范围与活动（需赤脚、不准游泳），也约束温泉旅馆的开发。

来到棉花堡，除了泡温泉外，最不能错过看棉花堡的日落了，当太阳的光芒一点点由金色变成绯红、殷红、桃红、玫瑰灰，棉花堡会像一朵最绮丽的莲花，幻化出难以置信的光影奇迹，白色的岩面会被阳光点染出淡淡的色彩，而岩面中的水波则忠实地记录下天空变幻的奇异色彩。

另外，登上棉花堡山巅，如果运气好，你还会意外地发现，这并不幽深的谷底竟然也会有云海出现，而且还是世界上最美最瑰丽也最难得一见的云海！

只是，人们在山顶看到的那团蒸腾的淡蓝色并非云彩，也不是雾气，而是大量含有碳酸钙的温泉水流沉到谷底形成的一种近似泥浆的沉淀物，阳光一照，便泛出珐琅般的孔雀蓝光泽，看上去与蓝色的云块漂浮在山谷一模一样。这种景观异常罕见，天气、阳光、时间、运气，缺一不可。

所以，这个看似云海茫茫的山谷，是绝对禁止游客进入的，因为那其实是个奇异的沼泽。而面对如此美景，我们也"只可远观而不可亵玩焉"了。

·知识链接·

棉花堡的保护：

1988年，棉花堡被联合国教科文组织确定为世界文化遗产。土耳其政府为了更好地保护这一世界奇观，规定游客必须赤脚参观，以防鞋底磨损棉花堡的石灰岩。土耳其政府对于天然泉水还进行了有计划的管控，比如在原有地形上用水泥砌成一阶一阶的人工阶梯边缘，有助泉水中的碳酸钙堆积在上面，形成人工的石灰阶地。另外为保持地形干燥，让胶状的碳酸钙沉淀物有足够的时间接受阳光暴晒变硬，有些区域要控制放水，但如果干涸的时间长了，又要重新注水。区分天然的石阶地形和人工部分并不困难，自然形成的阶梯边缘会沉积出一条条棱状突起，踩在上面脚底会感到刺痛。而人造地方因边缘有一定的厚度，看起来很单调统一，不如天然形成的精彩。

☆ 天然形成的白色石灰岩阶梯远看像大朵大朵棉花矗立在山丘

冰岛——在寒冷中绽放

冰岛意为"冰冻的陆地"。这块游离于北欧大陆之外的岛国,却是绿草茵茵,地热丰富,渔业发达的富饶国家。每年冰岛以自身美丽的身影吸引着来自世界各地的观光游客。

冰岛是北大西洋上面的一个岛国,冰岛1/8的面积被冰川覆盖。有100多座火山,素来有"极圈火岛"之称,冰岛共有火山200～300座,有40～50座活火山。主要的火山有拉基火山、华纳达尔斯火山、海克拉火山与卡特拉火山等等。华纳达尔斯赫努克火山为全国最高峰。冰岛几乎整个国家都建在火山岩石上,大部分土地不能开垦。

冰岛是早中新世晚期以来,由大西洋中脊裂谷溢出的地幔物质堆积而成,属于火山岛。组成冰岛的岩石都是火山岩,以玄武岩分布最广,还有安山岩、流纹岩等。

冰岛多喷泉、瀑布、湖泊和湍急河流,最大河是流锡尤尔骚河。冰岛属寒温带海洋性气候,气候变化无常。因受黛提瀑布北大西洋暖流影响,较同纬度的其他地方温和。夏季日照长,冬季日照极短。秋季和冬初可见极光。冰岛还有许多其他的名字,比如"火山岛""雾岛""冰封的土地""冰与火之岛"之称。

蓝湖,是在死火山上的一处人造温泉,离冰岛首都雷克雅未克很近。

☆ 冰岛风光

因为水是浅蓝色的，所以就被称为蓝湖。因为水温很高，所以又被称为"蓝湖温泉"。蓝湖的水是咸的，并且含有大量矿物质结晶，这种矿物质对人体有很大好处，于是人们就在这里建起了游泳馆，供人们来游泳。

蓝湖躺在死火山上，火山熔岩中有一种白色的泥浆，这种泥浆经过加工，可生产出多种护肤、美容产品，这种产品据说在北欧销路很好。人们在蓝湖浸浴、游泳时挖到这种白泥，也会把它涂在脸上。

冰岛的间歇泉是最有名的，声名远播。间歇泉是与火山活动息息相关的地质景象，冰岛有多处间歇泉，其中大间歇泉最具代表性。大间歇泉位于首都雷克雅未克东北100多千米的平原上。这里原是一个大喷泉区，地面到处冒出灼热的泉水，热气弥漫，如烟似雾。其中大间歇泉的喷水高度，居冰岛所有喷泉和间歇泉之冠。

大间歇泉是一个直径约18米的圆池，水池中央的泉眼为一口径约2.5米的"洞穴"。洞穴深23米，洞内水温在100℃以上。每次喷发前，先隆隆作响，响声越来越大，沸水也随之升涌，最后冲出洞口，喷向高空。上喷的水柱高70米～80米，旋即化作琼珠碎玉，从高空呼啸而下，每次喷发过程，约持续5分钟～10分钟，然后渐渐平息，如此反复不断，景观十分壮美。

·知识链接·

冰岛对大多数探险爱好者来说是一个理想之地，来此探险人员的总数达到了30万人——是这个国家人口总数的两倍还多。最具说服力的是冰岛当地的弗迎拉巴克探险装备旅游公司，每年都以惊人的速度找到新的探险路线。比如一些绿色沼泽和奥拉菲沙漠中的苔原地带，春季炎热的阿拉斯加火山口和大量知善鸟的聚集地韦斯特曼纳群岛。

☆ 蓝湖温泉

日内瓦湖——清凉的人间仙境

日内瓦湖区以优美的自然景色，宜人的气候，迷人的生活情调闻名于世。这个地方大部分被西欧最大的湖——日内瓦湖环绕着，沿湖可见绵延的高地、雄伟的阿尔卑斯山和各式各样的美景，因此湖区常被称为"欧洲的什锦菜"。

日内瓦湖是欧洲阿尔卑斯山区最大的湖泊，是世界著名湖泊。位于瑞士西南部和法国东南部之间。

日内瓦湖是阿尔卑斯湖群中最大的一个，日内瓦湖还有一个美丽的名字叫蕾曼湖。湖面面积约为360平方千米，在瑞士境内占225平方千米，法国境内约占217平方千米。

日内瓦湖是罗纳冰川形成的，湖身为弓形，湖的凹处朝南。罗纳冰川消融后，形成罗纳河，它是吐纳日内瓦湖水的主要河流。

天鹅和水禽嬉戏水上，游艇和彩帆游弋湖中。群群白鸽在湖畔徜徉，和平宁静。入夜后，两岸无数霓虹灯映照在湖面上，使湖水大放异彩，一些豪华游船上常常举办音乐会或舞会，乐声与波声组成一支绝妙的交响曲，别有一番风趣。

日内瓦湖以勃朗峰桥为中心，沿湖有很多公园——激流公园、玫瑰公园、珍珠公园、英国花园、植物园，还有湖畔的花钟。湖滨别墅连绵，红墙碧瓦掩映在绿荫丛中。花木扶疏，水色澄碧，被视为人间胜境。

日内瓦湖分为东西两部分，东面是格朗湖，西面是珀蒂湖，湖水清澈碧蓝。日内瓦湖有水面上下波动明显的湖震现象，湖水从此岸至彼岸有节奏地往返动荡。湖中建有人工喷泉，水柱高达130米，在阳光照耀下，呈现出一条若隐若现的彩虹，与高耸的勃朗峰雪山交相辉映，蔚为壮观。

无风时，喷泉像一根巨大的银柱矗立在湖面和天际之间。有风时，因风向和风力不同，喷泉形成方向不同、大小不一的扇面。在阳光的照耀下，西落下来的水花如同亮晶晶的星星。当风力过大时，喷向空中的泉水会顺着风向飘洒，好像一缕薄薄的轻烟，水花落到距喷泉很远的湖面上。夜幕降临后，喷泉在白色聚光灯的照射下，犹如一位银装素裹的少女伫立在湖中，纷扬的水珠把湖面上倒映的万家灯火搅动得闪烁不已。

·知识链接·

日内瓦的人文环境：

日内瓦是瑞士有名的游览胜地，有许多名胜古迹，如宗教改革国际纪念碑、圣-皮埃尔大教堂、大剧院、艺术与历史博物馆、日内瓦大学等。著名景点有钟表博物馆、万国宫、圣皮埃尔大教堂、迪亚布烈斯、大喷泉、大花钟、圣瓜斯、伊华东利斯班斯，阿里亚纳博物馆等。

山丘上的老城区古朴典雅的建筑

☆ 像一根巨大的银柱矗立在湖面和天际之间的日内瓦喷泉

群与新城区现代化的楼房形成了鲜明的对照，清晰地反映出这个中世纪古老的小城发展成为一座现代化国际都市辉煌历程。老城区内石子铺成的街道，窄窄弯弯地向前延伸着，仿佛是一只默默伸出的手臂，要把你带向上一个世纪的童话中。绿树掩映中，忽隐忽现的欧式建筑古朴凝重。街道两边挂着黄绿相间的圆形标牌的是古玩商店，建在莱芒湖边的城市是日内瓦的新城区。市中心的商业区、住宅区整齐宽阔，布局合理。随处可见的公园内，古树参天，幽静美丽。无论是置身老城或新城中，无论是在郊区还是旅游景点，呈现在你面前的都是一个鲜花盛开，风景秀丽的城市。

英格兰湖区——湖畔诗人的爱

英格兰湖区原本只是一个名不见经传的地方，因为"湖畔派"诗人华兹华斯在这里散步而一举成名。远方的树林转述了鸟鸣而泄漏了鸟儿的踪迹，当炊烟夹着木柴味乘着微风飘来时，你寻觅美，感觉美，自会体味到天地有大美而不言。

英格兰湖区位于英格兰西北海岸，靠近苏格兰边界，方圆2300平方千米。1951年被划归为国家公园，是英格兰和威尔士11个国家公园中最大的一个。湖区拥有英格兰最高峰斯科菲峰和英格兰最大的湖温德米尔湖。坎伯里山脉横贯湖区，把湖区分为南、北、西三个区，湖区北部最大的城镇是凯斯维克。

传说湖泊是造物主的眼泪，那么英格兰湖区的湖泊就是造物主最晶莹的泪滴。水是这里的灵气之源，无论是广阔的温德米尔湖，还是小巧的格拉斯米尔湖，都让人感叹大自然雕琢之匠心。

湖区不算是百分百的自然保护区，区内早已开发为英格兰人的旅游重地以及步行天堂。区内更是开辟了不计其数的步行路线。夏天来临时，四处都是全副武装的快乐步行者。湖区内不乏现代设施，依附着区内的自然景观而建设，景与物融为一体。

湖区的美让人心灵平静，映入眼帘的是一幅宁静的画面。正是这般宁静的生活画面，给人一种祥和的美感。你听到远处山谷传来的流水声，远方的树林转述了鸟鸣声而泄漏了鸟儿的踪迹，当炊烟混着木柴味随微风

飘来时,你寻索美,感觉美,自会体味天地有大美而不言。你感受宁静,享受宁静。

遥远的风笛声、极目的原野、湛蓝的天空、小桥人家、威士忌酒香。欣赏着如画般风景的山林美景,沉浸于英格兰特有的悠闲世界,贴近自然,感觉自己仿佛有了翅膀,飞向那美丽、静谧的天堂。

两岸秋意渐浓,随意停在湖边,由田野小径带路,每条路都通向一个充满美好的未知世界,更多的是令人沉浸其中的诱惑。不过是寻常的景致,但在一个忙碌的城市人的眼底,竟有一种莫名的美丽与感动。

· 知识链接 ·

坎布里亚郡:

坎布里亚郡拥有壮丽的山脉和16个波光粼粼的湖泊,举世无双的迷人风光激发了许多作家的创作灵感,华兹华斯、温赖特和比阿特丽克斯·波特都曾在此写下美丽的诗篇和文章。

坎布里亚郡是全英格兰步行和爬山的最佳去处,英国仅有的五座海拔超过900米的山峰全在此。一条新近开放的美丽步道沿着哈德良长城逶迤而行,这座罗马人在英国修建的最重要的历史遗迹被列入了世界遗产。

☆ 英格兰湖区美得让人的心灵得到了平静

青少年探索·发现之旅

第三章
非 洲

　　这是一个热情的大陆,只要一提起就让人想起热舞、沙漠、钻石,这一切都引起人们一探究竟的热情。
　　同时这片土地也曾产生了人类最早的文明。

撒哈拉沙漠——沙漠之海和灵魂的栖息地

撒哈拉沙漠是世界上最大的沙漠，在这里白天是看不到地平线的，白茫茫一片，难分远近。阿哈加尔山脉就像一个硕大无比的岛屿，耸立在沙漠上。这里是生命和人类文明的摇篮。

撒哈拉沙漠是世界最大的沙漠，几乎占满非洲北部全部，总面积约860万平方千米。撒哈拉沙漠西濒大西洋，北临阿特拉斯山脉和地中海，东为红海，南为萨赫勒一个半沙漠半草原的过渡区。

撒哈拉沙漠是世界上除南极洲之外最大的荒漠，气候条件极其恶劣，是地球上最不适合生物生长的地方之一。

沙漠时而扬尘，时而平静如水，给人以致命的诱惑。漫步于撒哈拉，只要你用心去感受，就能发现蕴藏在沙海深处的美，浩瀚无垠的大漠，晴空万里，骄阳似火，纯净的沙子了无杂尘，沙丘形态各异。

撒哈拉是另一种大海，它宽广深沉，内涵丰富，置身其中，在浩瀚的蓝天下，听驼铃声踏破了荒凉，黄沙漫漫从远古延伸而来，向未来蜿蜒而去……那博大的美、韵律的美、神秘的美、坚忍的美、阳刚的美、沉默的美让人窒息，那苍凉雄奇的景象别有一番风韵。

撒哈拉沙漠的许多植物在酷旱的环境里，成长期极其短暂，在百年不遇的一次雨季到来的时候，深藏在地下不知多少岁月的种子，以一种疯狂的速度生长，在雨露下匆匆地开花

☆ 撒哈拉沙漠的守护者

结果，迅速完成一次生命的历程。一场降雨过后，似乎在一瞬间，长期以贫瘠空旷面目示人的荒漠便出现了千花万朵竞相摇曳的奇异景观，但在极短的繁荣后，沙漠又恢复了往昔的荒凉，干旱再次漫长地控制了大地。而种子们则默默地潜伏下来，陷入遥遥无期的等待之中。

顽强的生命就是这样，在无法确定的机遇中守候机会。在辽阔的天空云卷云舒时，在其他地方姹紫嫣红时，撒哈拉沙漠的守望者们正在经历着自己的无奈和执著，苦苦守候着一次也许永不再来的雨期。

撒哈拉沙漠的哺乳动物种类有沙鼠、跳鼠、开普野兔和荒漠刺猬；柏柏里绵羊和镰刀形角大羚羊、多加斯羚羊、达马鹿和努比亚野驴；安努比斯狒狒、斑鬣狗、一般的胡狼和沙狐等。生活在撒哈拉沙漠里的鸟类超过300种，包括不迁徙鸟和候鸟。沿海地带和内地水道吸引了许多种类的水禽和滨鸟。内地的鸟类有鸵鸟、各种攫禽、鹭鹰、珠鸡和努比亚鸨、沙云雀和灰岩燕以及棕色颈和扇尾的渡鸦等。

蛙、蟾蜍和鳄生活在撒哈拉沙漠的湖池中。蜥蜴、石龙子类动物以及眼镜蛇出没在岩石和沙坑之中。撒哈拉沙漠的湖、池中有藻类、咸水虾和其他甲壳动物。生活在沙漠中的蜗牛是鸟类重要的食物来源。沙漠蜗牛经过夏眠之后存活下来，在降雨唤醒它们之前它们会一直保持不活动。

在撒哈拉沙漠中有一种植物叫做沙漠玫瑰，拿在手上就像一蓬枯萎的干草，很难看。如果将它浸在清水里，用不了几天，它就会慢慢舒展开

☆ 浩瀚的撒哈拉沙漠

来，直至展现在眼前的是一朵丰润饱满、盛开着的浓绿色的沙漠玫瑰。

撒哈拉沙漠上有许多绮丽多姿的大型远古壁画，这里曾经有过高度繁荣昌盛的远古文明。今天人们不仅对这些壁画的绘制年代难于稽考，而且对壁画中那些奇形怪状的形象也茫然无知。于是，我们只好把它称为人类文明史上的一个不解之谜。

撒哈拉壁画的内容包括丰富多彩的大自然及当地古代人的生活图景。通过一系列的研究工作，科学家认为，这里的气候发生过很多次变化。近二三百万年以来，地球上的气候经历了几次明显的干湿交替的变迁。在第四纪，高纬度地区曾几度为巨大的冰川覆盖，像撒哈拉这样的低纬度地区则出现了大雨和洪水，河流纵横，湖泊成群。公元前1万年前后，撒哈拉地区的气候越来越湿润，植物茂密。从公元前7000年到公元前2000年，气候大部分时间都是非常湿润的，其中公元前3500年前后，撒哈拉的湖泊面积达到最大。

· 知识链接 ·

撒哈拉岩画：

1850年，德国探险家巴尔斯来到撒哈拉沙漠进行考察，无意中发现岩壁上刻有鸵鸟、水牛及各式各样的人物画像。1933年，法国骑兵队来到撒哈拉沙漠，偶然在沙漠中部塔西利台、恩阿哲尔高原上发现了长达数千米的壁画群，全绘在受水侵蚀而形成的岩阴上，五颜六色，色彩雅致、调和，刻画出了远古人们的生活情景。

壁画群中动物形象颇多，千姿百态，各具特色。动物受惊后四蹄腾空、势若飞行、到处狂奔的紧张场面，形象栩栩如生，创作技艺非常卓越，可以与同时代的任何国家杰出的壁画艺术作品相媲美。从这些动物图像可以推想出古代撒哈拉地区的自然面貌。如一些壁画上有划着独木舟捕猎河马，这说明撒哈拉曾有过水流不绝的江河。

图尔卡纳湖——人类的摇篮

图尔卡纳湖是一个咸水湖,形成于几千万年前,它不仅景色迷人,还以"人类的摇篮"著称于世。

图尔卡纳湖位于肯尼亚北部,与埃塞俄比亚边境相连,它是东非大裂谷和肯尼亚最大的内陆湖。

在非洲的湖泊中,图尔卡纳湖是含盐量最高的。在200万年前,它还是一个淡水湖,但由于地处半干旱的沙漠地带,水源不足,加上整个湖没有出口,湖水不能外流,又得不到淡水补充,逐渐变成了一个咸水湖。不过,除南部因含盐量高可以提取各种盐类外,其他浅水区的湖水只是略带咸味,仍然可以饮用。

图尔卡纳湖拥有种类繁多的动植物。由于它是非洲大湖中最咸的一个湖,又地处沙漠地带,从而为研究动植物提供了一个特殊的生态实验场地,被联合国教科文组织指定为进行干旱地区研究的一个生物保护区。图尔卡纳湖湖心有三座相连的小岛,岛上长满翠绿的草丛,湖水清凉,为迁徙的水鸟提供了中转站,同时也为尼罗河鳄鱼、河马和各种毒蛇等提供了良好的繁殖地和栖息地。这里还有已有700万年历史的石化森林。

图尔卡纳湖的鱼类极其丰富,盛产尖吻鲈、虎鱼、多鳍鱼和各种罗非鱼,鱼的个头也比较大,有的长达数米。这里是尼罗河鳄鱼的主要繁育基地,有1万多条鳄鱼在这里繁衍生息,是世界上最大的鳄鱼群之一,有的鳄鱼长达10多米,甚至能够顶翻湖中的

☆ 生活在图尔卡纳湖的尼罗河鳄鱼

木船。河马也时有所见。此外，还有瞪羚、长角羚、狷羚、扭角牛羚、小弯角羚、斑马、狮子、猎豹等哺乳动物。水生和陆生鸟类超过360种，有大批水鸟，候鸟和留鸟有红鹤、鸬鹚和翠鸟等。

由于图尔卡纳湖是因断层陷落形成的，湖区四周耸立着许多座火山。这些早已熄灭的"死火山"，形同一个个巨大的圆锥傲然挺立在东非高原上，显得格外壮观醒目。由于这些火山昔日多次喷发，火山风化物形成了一层厚厚的暗棕色土壤，土质肥沃，加之气候湿热，非常适宜各种植物生长。

火山山腰及湖滨地区生长着茂密的树木和牧草，碧绿的香蕉、芭蕉丛，鲜嫩的青藤架，巨大的芒果树以及椰子树、棕榈树等，满山遍野，比比皆是。树木、草丛中栖息着成群的羚羊、斑马、野鹿等动物。白天，湖区四周一片寂静；黄昏，羚羊纷纷钻出草丛，斑马追逐嘶叫着来湖滨饮水，湖畔顿时变得热闹起来。

图尔卡纳湖很早以前就有人类居住，是人类文明的发祥地之一。

·知识链接·

肯尼亚：

肯尼亚国土面积58.2646万平方千米，地跨赤道，东与索马里为邻，北与埃塞俄比亚、南苏丹共和国接壤，西与乌干达交界，南与坦桑尼亚相连。东南濒印度洋，海岸线长536千米，沿海为平原地带，其余大部分为平均海拔1500米的高原。

东非大裂谷东支纵切高原南北，将高地分成东、西两部分。大裂谷谷底在高原以下450米～1000米，宽50千米～100千米，分布着深浅不等的湖泊，并屹立着许多火山。北部为沙漠和半沙漠地带，约占全国总面积的56%。中部高地的肯尼亚山海拔5199米，是非洲第二高峰，峰顶终年积雪。瓦加加伊死火山海拔4321米，以巨大的火山口（直径达15千米）而驰名。河流、湖泊众多，最大的河流为塔纳河、加拉纳河。

东非大裂谷——大地的伤疤

从天空向下俯视,地面上有一条硕大无比的"刀痕"呈现在眼前,顿时让人产生一种惊异而神奇的感觉,这就是著名的"东非大裂谷"。大裂谷气势宏伟,景色壮观,是世界上最大的裂谷带,有人形象地将其称之为"地球表皮上的一条大伤痕"。

东非大裂谷是世界大陆上最大的断裂带,裂谷宽约几十至200千米,深达1000米~2000米,谷壁如刀削斧劈一般。这条长度相当于地球周长1/6的大裂谷,从卫星照片上看去犹如一道巨大的伤疤。当乘飞机越过浩瀚的印度洋,进入东非大陆的赤道上空时,从机窗向下俯视,就会看见这条硕大无比的"刀痕",顿时让人产生一种惊异而神奇的感觉。

东非大裂谷南起赞比西河的下游谷地,向北延伸到马拉维湖北部,并在此分为东西两条。东面的一条是主裂谷,穿越坦桑尼亚中部的埃亚西湖、纳特龙湖等,经肯尼亚北部的图尔卡纳湖以及埃塞俄比亚高原中部的阿巴亚湖、兹怀湖等,继续向北直抵红海和亚西湾。西面从飞机上看沿乞力马扎罗山雪峰,经坦噶尼喀湖、基伍湖、爱德华湖、艾尔伯特湖等一直到苏丹境内的白尼罗河,全长1700多千米。由于这条大裂谷在地理上已经实际超过东非的范围,一直延伸到死海地区,因此也有人将其称为"非洲-阿拉伯裂谷系"。

东非大平原是非洲地势最高的地方,气候温和凉爽,雨量充沛,山清水秀,物产丰富,盛产茶叶、咖啡、

☆ 生活在大裂谷的鸟

水果、除虫菊、俞麻等。在这里,咖啡豆一年可以采摘两次,茶叶一年内有九个多月可以每半个月采摘一次,除虫菊全年中可以每10天～14天采摘一次,而俞麻成熟后天天可以收割。

许多人在没有见东非大裂谷之前,凭他们的想象可能认为那里一定是一条狭长、黑暗、阴森、恐怖的断涧,其间荒草漫漫,怪石嶙峋,渺无人烟。其实,当你来到裂谷之处,展现在眼前的完全是另外一番景象:远处,茂密的原始森林覆盖着连绵的群峰,山坡上长满仙人球;近处,草原广袤,翠绿的灌木丛散落其间,野草青青,花香阵阵,草原深处的几处湖水波光粼粼,山水之间,白云飘荡;裂谷底部,平平整整,坦坦荡荡,牧草丰美,林木葱茏,生机盎然。

在1000多万年前,地壳的断裂作用形成了这一巨大的陷落带。板块构造学说认为,这里是陆块分离的地方,即非洲东部正好处于地幔物质上升流动强烈的地带。在上升流作用下,东非地壳抬升形成高原,上升流向两侧相反方向的分散作用使地壳脆弱部分张裂、断陷而成为裂谷带。张裂的平均速度为每年0.02米～0.04米,这一作用至今仍一直持续不断地进行着,裂谷带仍在不断地向两侧扩展着。由于这里是地壳运动活跃的地

带，因而多火山多地震。

裂谷底部是一片开阔的原野，20多个狭长的湖泊，犹如一串串晶莹的蓝宝石，散落在谷地。中部的纳瓦沙湖和纳库鲁湖是鸟类等动物的栖息之地，也是很重要的游览区和野生动物保护区，其中的纳瓦沙湖湖面海拔1900米，是裂谷内最高的湖。南部马加迪湖产天然碱，是肯尼亚重要的矿产资源。

这些裂谷带的湖泊除了水色湛蓝，辽阔浩荡，千变万化，还是旅游观光的胜地，而且湖区水量丰富，湖滨土地肥沃，植被茂盛，野生动物众多，大象、河马、非洲狮、犀牛、羚羊、狐狼、红鹤、秃鹫等都在这里栖息。坦桑尼亚、肯尼亚等国政府，已将这些地方辟为野生动物园或野生动物自然保护区。比如，位于肯尼亚峡谷省省会纳库鲁近郊的纳库鲁湖，是一个鸟类资源丰富的湖泊，共有鸟类400多种，是肯尼亚重保护的国家公园。在众多的鸟类之中，有一种名叫弗拉明哥的鸟，被称为世界上最漂亮的鸟，一般情况下，有5万多只火烈鸟聚集在湖区，最多时可达到15万多只。当成千上万只鸟儿在湖面上飞翔或者在湖畔栖息时，远远望去，像一片红霞，十分好看。

·知识链接·

人类起源：

东非大裂谷是人类文明最古老的发源地之一，20世纪50年代末期，在东非大裂谷东支的西侧、坦桑尼亚北部的奥杜韦谷地，发现了一具史前人的头骨化石，据测定分析，生存年代距今足有200万年，这具头骨化石被命名东非勇士为"东非人"。1972年，在裂谷北段的图尔卡纳湖畔，发掘出一具已经有290万年的头骨，其身与现代人十分近似，被认为是已经完成从猿到人过渡阶段的典型的"能人"。1975年，在坦桑尼亚与肯尼亚交界处的裂谷地带，发现了距今已经有350万年的"能人"遗骨，并在硬化的火山灰烬层中发现了一段延续22米的"能人"足印。这说明，早在350万年以前，大裂谷地区已经出现能够直立行走的人，属于人类最早的成员。

东非大裂谷地区的这一系列考古发现证明，昔日被西方殖民主义者说成的"野蛮、贫穷、落后的非洲"，实际上是人类文明的摇篮之一，是一块拥有光辉灿烂古代文明的土地。

维多利亚瀑布——惊天动地的壮美

维多利亚瀑布高峡曲折，苍岩如剑，巨瀑翻银，疾流如奔，构成一幅格外奇丽的自然景色。大瀑布倾注的第一道峡谷，在其南壁东侧。有一条南北走向峡谷，把南壁切成东西两段，峡谷宽仅60余米，整个赞比西河的巨流就从这个峡谷中翻滚呼啸狂奔而出。

维多利亚瀑布位于非洲南部赞比西河中游的巴托卡峡谷区，地跨赞比亚和津巴布韦两国，距赞比亚旅游城市利文斯敦10千米。维多利亚瀑布是世界最大的瀑布，瀑布落差106米，宽约1800米。瀑布带所在的巴托卡峡谷绵延长达130千米，共有七道峡谷，蜿蜒曲折，成"Z"字形，是罕见的天堑。

19世纪中叶，英国传教士戴维·利文斯敦在非洲内陆探险来到了这里，他目睹了壮阔的瀑布景观，就以当时的英国女王维多利亚命名。其实维多利亚瀑布在此之前已有自己的名字。赞比亚人称它为"莫西奥图尼亚"，意思是"声响如同雷鸣的雨雾"，这是赞比亚人对大瀑布富有诗意的深情描述。

赞比西河发源于赞比亚西北崇山峻岭之中，穿行于高原山区之间。赞比西河在到达维多利亚瀑布之前一直很平静，只有散布在河道中的一些小岛扰乱了宁静的流水。赞比西河流经赞比亚与津巴布韦边界时，两岸草原起伏，散布着零星的树木，河流浩浩荡荡前进，并无出现巨变的迹象。这一段是河的中游，河面宽达1.6千米，水流舒缓。

☆ 维多利亚大瀑布

当赞比西河河水充盈时，以每秒7500立方米的速度汹涌越过维多利亚瀑布。水量如此之大，且下冲力如此之强，以至引起水花飞溅，40千米外均可以看到。彩虹经常在飞溅的水花中闪烁，离瀑布40千米~65千米处，人们可看到升入300米高空如云般的水雾。

在旱季可清楚看到被岩石分割成六段的瀑布，出现磅礴壮阔的美景，只要在对岸的国家公园眺望，就可欣赏到这六段各有特色的瀑布奔流急泻。4月~6月的大水期，雾茫茫一片，反而看不到其真面目。铺设于瀑布区的网状步道，穿梭在浓密的雨林间，可保护雨林生态免受破坏，并引导游客到各景点赏瀑。漫步于布满水气的热带雨林步道，非洲炎热的天气也立刻变得清爽凉快。还可欣赏雨林特有的植物，如乌檀木、蕨类、无花果、藤蔓植物，以及各式各样的花卉植物。

号称世界上最危险的"魔鬼游泳池"就位于维多利亚瀑布之巅，是天然形成的。每年大部分时间瀑布的水量都十分充沛，波涛汹涌的河水会拍打着岩石奔流而下，选择在这个时候去游泳显然是不明智的，那样的话你肯定会"顺流而下"。而到了旱季的时候"魔鬼游泳池"就会变成冒险者的乐园，届时人们可以在相对舒缓的水流的"按摩"下，一边尽情饱览秀美壮丽的景色，一边在水中嬉闹游戏。

"魔鬼游泳池"是天然形成的岩石水池。据说，曾居住在瀑布附近的科鲁鲁人从不敢走近它。邻近的东加族更视它为神物，把彩虹视为神的化身，他们经常在瀑布东边接近太阳的地方举行宰杀黑牛仪式来祭神。

· 知识链接 ·

观景攻略：

观赏大瀑布，从卢萨卡出发，可以驾车或乘飞机去。乘游艇畅游大瀑布的上游——赞比西河。从上游可以看到瀑布的轮廓。赞比西河是非洲第四长河，流向从西向东，南岸是津巴布韦，北岸是赞比亚。河面很宽，但水流平缓。河中有一小岛，用望远镜可看到岛上徜徉的一群群大象。突然听到隆隆的响声，显然是游艇已接近瀑布。在盛水期，你从几里甚至几十里开外，就能看到瀑布激起的冲天水柱，一团团不断向上翻涌，在蓝天白云间飘散开去。当地称该瀑布为"莫西奥图尼亚"，意思是"雷鸣之烟"。维多利亚瀑布最宽处达1690米。河流跌落处的悬崖对面又是一道悬崖，两者相隔仅75米。两道悬崖之间是狭窄的峡谷，水在这里形成一个名为"沸腾锅"的巨大旋涡，然后顺着72千米长的峡谷流去。

观赏完瀑布，可以到瀑布旁的手工艺村落一游，体验另外一种滋味，在此处你可以看到传统的非洲生活，还有津巴布韦六个不同部落的文化和艺术，村落中的手工艺匠利用各种不同的木头，雕刻出美丽的动物，妇女们也编织各种不同尺寸的精致盒子。

☆ 冒险者的游乐园——魔鬼游泳池

卡盖拉国家公园——美丽的动物世界

卡盖拉国家公园内山峦起伏，河流纵横，大小湖泊共有22个，湖中有岛，岛上有湖。整个公园草肥水美，是野生动物繁衍生长的理想世界。

卡盖拉国家公园地处卢旺达东北地区，建于1934年，占地2500平方千米，约占卢旺达全国面积的1/10。公园海拔在1250米～1825米之间，园内山峦起伏，河流纵横，大小湖泊共有22个，湖中有岛，岛上有湖。整个公园草肥水美，是野生动物繁衍生长的理想世界。

公园内的动物有食肉、食草、灵长目和鸟类等多种。食肉类动物有狮子、豹、鬣狗等，食草类有大象、河马、犀牛、野牛、斑马、野猪及各种羚羊，灵长目动物有狒狒和猴子等。

站在公园的姆丹巴山上，园内湖光山色尽收眼底。山坡上灌木丛生，树高林密。山谷间镶嵌着大小湖泊，湖周围是绿树荫荫、鲜花盛开的山峦。顺着山谷向东远望，卡盖拉河像一条银色的带子，沿着东部边界蜿蜒伸展。

伊海马湖是公园内最大的湖泊，面积有75平方千米，湖水清澈碧蓝，

☆ 卡盖拉国家公园内的斑马

波光粼粼，岸边有渔场。

卡盖拉公园的动物以羚羊数量最多，其中大部分是"伊帕拉"羚羊。"伊帕拉"羚羊主要生活在湖滨水畔，平均每平方千米就有600只。它们过着群居的生活，其中一只占统治地位的雄羚独自占有一群羚羊中的所有雌羚，其他雄羚不得染指，否则会引起一场厮杀。

在公园内，白天最难寻觅的动物是狮子，它们躲藏在远离道路的密林中，夜晚才出来活动。有些游客为了

看狮子就在园内搭帐篷过夜。园内最容易接近的动物是大象,这些经过训练的庞然大物性情温顺,游人可摸着象鼻与它合影。在卡盖拉河流域和园内的多数湖泊中,生活着数量可观的河马,它们在深水中动作灵活敏捷,一改在岸边笨拙缓慢的样子。

· 知识链接 ·

斑马:

斑马生活在非洲大陆,外形与一般的马和驴没有什么两样,它们身上的条纹是为适应生存环境而衍化出来的保护色。在所有斑马中,细斑马长得最大最美。成年细斑马的肩高140厘米～160厘米,耳朵又圆又大,条纹细密且多。斑马常与草原上的牛羚、旋角大羚羊、瞪羚及鸵鸟等共处,以抵御天敌。人类将斑马条纹应用到军事上,这是一个很成功的仿生学例子。

☆ 享受下午时光的狮子

好望角——风暴中的岬角

好望角周围的海域是大西洋和印度洋交汇的地带，海流相撞引起的滔天巨浪终年不息，因此第一个来到这里的欧洲人迪亚士称这里为"风暴角"。但绕过这里就有希望到达东方，获取财富，因此葡萄牙国王把它改名为"好望角"。

位于非洲西南端开普半岛的好望角，是大西洋和印度洋之间的重要分界标志。据说好望角的发现，是一场海上风暴送给葡萄牙探险家迪亚士的意外礼物。

1487年7月，32岁的迪亚士奉葡萄牙国王之命，率3艘探险船沿非洲西海岸南下，踏上了驶往印度洋的未知之路。当船队到了南纬33°的地方时，突然遇上了风暴，在海上漂泊了13个昼夜。迪亚士凭着丰富的航海经验，决定向东航行，终于绕过了非洲的最南端。于是船队改变航向朝正北航行，几天后果然看见了东西走向的海岸线和一个海湾（即今南非的莫塞尔湾）。返航途中接近一个伸入海中的海角，不料风暴再次降临，船队在风浪中经过两天奋力拼搏，才绕过骇人的海角，驶进风平浪静的非洲西海岸。望着令人生畏的海角，迪亚士将它命名为"风暴角"。1488年12月，船队回到里斯本，迪亚士向国王裘安二世描述了自己的探险经过和命名为"风暴角"的海角，国王认为，绕过这个海角就有希望进入印度洋，到达朝思暮想的黄金国——印度，于是就将"风暴角"改名为"好望角"，并一直沿用至今。

好望角地区的地貌极具特色，悬崖、沙滩、珍奇的动植物和海港形成了号称世界上具有最美丽海岸线的海角。

☆ 充满美好希望的好望角

来到这里，观看好望角最好的地方，就是开普角。开普角是一个伸入海中的悬崖，海拔238米。最高处有一座建于1857年的灯塔，因为所处地势太高，雨天或薄雾天气过往船只就可能看不清而发生事故甚至海难，1919年在海拔88米的高度另建了一座新灯塔，这里就成了观景台，也成了游客必到之处。

站在观景台上，往西北方向看就能看到像一把利剑一样刺向大西洋的好望角。近处的沙滩是迪亚斯海滩。好望角气象万变，景色奇妙，耸立于大海，更有高逾1000米的达卡马峰，危崖峭壁，卷浪飞溅，令人眼界大开。

· 知识链接 ·

好望角的商业价值：

好望角的发现，促使许多欧洲国家把扩张的目光转向东方。荷兰、英国、法国、西班牙等国的船队都先后经过这里前往印度、印度尼西亚、印度支那、菲律宾和中国。1652年，荷兰的东印度公司掠取好望角的主权，并在现今的开普敦建立居民点，专为本国和其他国家过往的船队提供淡水、蔬菜和船舶检修服务。19世纪初，在海外已攫取大量殖民地的英国人看到掌握好望角制海权的重要性，遂侵入南非将荷兰人取而代之。在苏伊士运河1869年开通之前的三百多年时间里，好望角航路成为欧洲人前往东方的唯一的海上通道。苏伊士运河开通后，这条航路的作用虽有所减弱，但仍然是欧亚之间不可或缺的重要通道，一些巨轮还必须从这里绕道。据在好望角的南非人士讲，现在每年仍有三、四万艘巨轮通过好望角。西欧进口石油的三分之二、战略原料的百分之七十、粮食的四分之一都要经过这里运输。

☆ 好望角犹如一把利剑刺向了大西洋

乞力马扎罗山——高耸的火山丘

乞力马扎罗山是粗犷彪悍的非洲人的象征，目前它仍然是一座活火山。当你凝神远眺这座壮丽深邃、气象万千的大雪山或投入它恢宏宽大的胸怀时，在宁静中常常能体味到它那股内在的伟力，一种燃烧着的、躁动着的原始的生命力。正是这种汹涌澎湃着的内在震撼力，伴随着非洲这艘巨船扬帆竞发，从远古驶来，又向未来驶去……

乞力马扎罗山是非洲最高的山脉，是一个火山丘，海拔5895米，乞力马扎罗山位于坦桑尼亚与肯尼亚两国的交界处，是世界上最大的独立式山脉。斯瓦希里语"乞力马扎罗"意思是"闪亮的山"或"明亮美丽的山"，耸立在离印度洋不远处一片绵延起伏的平原上，被称作"非洲屋脊"和"上帝的殿堂"，峰顶终年积雪，形成赤道雪山奇观。

根据气候的山地垂直分布规律，乞力马扎罗山的基本气候，由山脚向上至山顶，分别是由热带雨林气候至冰原气候。风景包括赤道至两极的基本植被。

山体的轮廓非常鲜明，缓缓上升的斜坡引向一长长的、扁平的山顶，那是一个真正的巨型火山口——一个盆状的火山封顶。酷热的日子里，从很远处望去，蓝色的山基赏心悦目，而白雪皑皑的山顶似乎在空中盘旋，常伸展到雪线以下飘渺的云雾，增加了这种幻觉。山麓的气温有时高达59℃，而峰顶的气温又常在-34℃。在过去的几个世纪里乞力马扎罗山一直是一座神秘而迷人的山——没有人真的相信在赤道附近居然有这样一座覆盖着白雪的山。乞力马扎罗山在坦桑尼亚人心中无比神圣，很多部族每年

☆ 上帝的殿堂——乞力马扎罗山

都要在山脚下举行传统的祭祀活动，拜山神，求平安。

乞力马扎罗山有两个主峰，一个叫乌呼鲁，另一个叫马文济。两峰之间有一个10多千米长的马鞍形的山脊相连，远远望去，乞力马扎罗山是一座孤单耸立的高山，在辽阔的东非大草原上拔地而起，高耸入云，气势磅礴。当你凝神远眺这座壮丽深邃的大雪山时，常常能感受到它有股内在的伟力，一种燃烧的、躁动着的原始生命力。乞力马扎罗山乌呼鲁赤道峰顶有一个直径2400米、深200米的火山口，口内四壁是晶莹无瑕的巨大冰层，底部耸立着巨大的冰柱，冰雪覆盖，宛如巨大的玉盆。

乞力马扎罗山麓的热带森林是野生动物良好的栖息之地，所以有"世界野生动物园"的美称。其山腰因土质肥沃，生长着茂密的咖啡、花生、茶树和剑麻等经济作物。在海拔3500米左右，则生长着典型的高地植物，主要为石南和苔藓类等，但接近雪线之下的多属高山植物。大动物如野牛和追逐它们的豹子常在雪线附近看到，但它们不大可能在雪线上长时间生活。

· 知识链接 ·

赤道雪峰的发现：

早在150多年前，西方人一直否认非洲的赤道旁会有雪山存在。1848年，一位名叫雷布曼的德国传教士来到东非，偶然发现赤道雪峰的奇景，回国后写了一篇游记，发表在一家刊物上，详细介绍了自己的所见所闻。然而，连雷布曼自己也没有想到，就是这篇文章给他带来了无穷无尽的麻烦，众人指责他在无中生有地宣传异端邪教，怀有不可告人的目的，使这位传教士备受冤枉。1861年，又有一批西方的传教士、探险者来到非洲，亲眼目睹赤道旁边的这座峰顶积雪的高山，并拍下了照片，西方人开始相信雷布曼所讲的事实，从而结束了对他长达13年的指责。尽管后来仍然有人否认非洲赤道旁会有雪峰，但赤道雪峰的存在至少已有数万年的历史。

☆ 冰雪如同巨大的玉盆覆盖在了乞力马扎罗山上

刚果河——流经地球表面的蜿蜒丝带

刚果河蜿蜒地流过大地，像一条长长的丝带装饰着我们美丽的地球，孕育着无数的生命，每每阳光灿烂的清晨，粼粼的河水像一个永不停歇的说书人，讲述着大自然的奇幻和美丽……

刚果河发源于非洲南部加丹加高原。它由南向北流去，穿过赤道以后折向西北，然后折向西南，再次穿过赤道，在巴纳纳城附近流入大西洋，形成一个大弧圈。

刚果河全长4374千米，流域面积345.7万平方千米，长度居非洲第二位，流域面积和水量居非洲第一位，在世界列第二位。刚果河流域2/3在扎伊尔境内，支流还流经刚果、喀麦隆、中非共和国、坦桑尼亚、赞比亚和安哥拉的一部分地区。刚果河支流之密，有如蜘蛛网。刚果河和它的支流分布在赤道两侧，整个流域雨量十分充沛，平均年降雨量在1500毫米以上。有趣的是，赤道以北的雨季是每年3月~10月，而赤道以南的雨季则是10月到次年3月，这样一来，刚果河全年的流量就相当丰沛而且稳定。

刚果河流域地处非洲赤道地区著名的刚果盆地，是典型的盆状，盆底海拔300米~500米，周围为500米~1500米的高原和山地。高原山地与盆底之间形成许多陡坡和悬崖，河流在这些地段形成一系列瀑布。比如刚果河上游的金杜-孔戈洛瀑布群和博约马瀑布，下游的利文斯敦瀑布群。

刚果河流域最为与众不同的地方

☆ 刚果河蜿蜒地流过大地，像一条长长的丝带装饰着美丽的地球

是这个流域中各支流呈扇形网沿着同心坡向下流去,这些坡则包围着一个中心洼地。西从大西洋东至尼罗-刚果分水线也有相同的距离。

刚果流域的中心部分是一个大洼地,有第四纪冲积物覆在厚厚的大陆原始沉积物上,主要含砂和砂岩。刚果河体系从其源头至河口有3个不同的部分:上游、中游和下游。

刚果河的上游叫做卢阿拉巴河。这一段有3处大瀑布,其中一处叫"鬼门关"。从斯坦利瀑布起,到利奥波德维尔止,是中游。中游有平原河流的特点,水流十分平稳,主要支流都是在这一段注入刚果河的。这一段河面很宽,港汊、河湾和沙洲、岛屿极多,是全河的主要航道。从利奥波德维尔往南,进入下游,河面大大收缩,有些地方宽度在250米以下。从利奥波德维尔到马塔迪的350千米河程中,有一系列急流瀑布,称利文斯敦瀑布群。马塔迪以下,进入沿海低地,河面开阔,河水深达40米~70米,可通远洋巨轮。

刚果河流域的热带丛林植物种类十分繁多。其中最具经济价值的是油棕、椰子树以及各种名贵的热带硬木,如乌木、红木、檀香和黄梨木等。

☆ 夕阳下的刚果河

从赤道雨林地带向热带草原的过渡带，广大地区被热带稀树草原所代替。热带稀树草原上的土地可以种植谷物。在赤道雨林、热带草原气候条件下，刚果河流域既宜于栽培棕榈、橡胶、咖啡、可可等热带作物，又适于棉花、稻谷、油料作物等的生长。

刚果盆地的热带动物也几乎应有尽有，猩猩、大象、狮子、长颈鹿、斑马、犀牛、羚羊、河马、鳄鱼等等，都是世界动物园中的珍品。在扎伊尔靠近乌干达附近的明湖的南岸和西南岸，有著名的禁猎区，在这里能见到猩猩在树丛中奔跑，大象在田野里漫步，河马在湖岸上打滚以及狮子偷偷穿过丛林的别致场面。这里还有大量的豺狼虎豹、羚羊鬣狗之类的奇珍异兽和稀有的鸟类昆虫，到处充满着旺盛的生机。

刚果河中有许多种鱼，仅马莱博湖中就有230多种。河边的沼泽中生活有肺鱼，只是在低水位时沼泽常常干掉。

· 知识链接 ·

探险时代：

自从1482年葡萄牙航海家康(Diogo Cao)发现刚果河口以来，欧洲探险家们对刚果河起源问题莫衷一是。其实相当肯定的是，在威尔斯探险家史坦利1877年到达之前，17世纪的某些嘉布遣会传教士就已到达过马莱博湖岸。1816年，英国的一支探险队沿着刚果河最远到达基桑加尼。

美国记者、英国人亨利·斯坦利是第一个沿河走完全程的西方人，他在比利时国王利奥波德二世的资助下，于1879年到1884年对整个刚果河流域进行考察，发现卢阿拉巴河并不是尼罗河的源头。同时，斯坦利以"国际非洲协会"的名义，同许多当地酋长签署了保护协议，最终使得大部分刚果河流域成为利奥波德的私人采邑。甚至在1858年英国探险家柏顿和斯皮克发现坦干伊喀湖，苏格兰探险家李文斯顿于1867年发现卢阿拉巴河和1868年发现班韦乌卢湖之后，关于河的走向仍然未能确定。一直到1890年左右，对乌班吉河上游走向的探测才告完成，地图上最后的空白处才被填上。

☆ 河马给刚果河增添了无限的生机

西非原始森林——大自然的宝库

西非茂盛的热带原始森林，是物种的巨大天堂，这是一片具有巨大价值的热带丛林，为人们生动的展示着大自然无法复制的美丽和神秘。

西非是热带原始森林景观保存较为完整的地区，林木茂密，野生动植物繁多，其中科莫埃和塔伊两大原始森林区较具代表性。

塔伊国家公园是非洲最后一片重要的热带原始森林，以低雨林植被而闻名。塔伊国家公园西邻利比里亚边界，东以萨桑德拉河为界，原为一个动物保护区，地貌以平原为主，南部有海拔623米高的涅诺奎山。

由于气候因素，塔伊公园内生长着两种不同树木构成的森林：一是主要由单性大果柏构成的茂密原始森林，一是由柿树所形成的原始森林。这两类森林区，堪称是地方性植物种类的巨大宝库。另外，公园里有数目繁多的野生动物，各种猿猴、利比里亚矮河马、斑鹿羚和奥吉比羚羊为该地区所独有。

塔伊国家公园属远古时代形成的倾斜花岗岩准平原地形，几座因火山喷发而成的孤山打破了地形的沉寂。大量片岩呈西南－东北走势穿插于公园内，多条河与之平行而流，不时会有这些水道的支流横亘在岩石前方。公园里的土壤大都含有高铁酸盐，较为贫瘠，但南部地区要肥沃些。

塔伊国家公园是西非剩下的最后一个重要的原生热带森林。它有丰富的自然植物和濒于灭亡的哺乳动物种类，具有重要的科学意义。

森林里的黑猩猩，个体的身材和外貌差异很大，站直时身高通常约为1米～1.7米，体重约35千克～60千克，雄猩猩往往较雌猩猩更大更强壮。除面部外，它们身上被覆棕色或黑色的毛，成年黑猩猩的身体及面部皮肤为黑色，但年纪较轻的个体面部则为粉红色或白色。

在塔伊国家公园里生活的穿山甲，在白天是很难见到的，它们常在夜见活动，并能短时间游泳。除身体下部外，穿山甲的全身都覆有胶结被毛形成的重叠的浅褐色鳞片，头短，眼小，眼睑厚，嘴长而无牙，舌长而灵活。它的5个脚趾都生有利爪，主要以白蚁为食，有时也吃其他蚂蚁和昆虫。它们靠嗅觉来确定捕食对象的位置，并用前脚扒开对方的巢穴，取而食之。

·知识链接·

原始森林：

原始森林是地球上最重要的生态系统之一。原始森林维护着自然环境，储存大量碳物质来保持气候的稳定，通过对降雨和蒸发的控制调节天气，并维持着地球的生态平衡。仅热带雨林就为人类提供40%的氧气所需，因此它们也被称作"地球之肺"。

☆ 黑猩猩守护着非洲最后一片重要的热带原始森林

尼罗河——埃及的母亲河

尼罗河是埃及人生命的源泉,它为沿岸人民积聚了大量的财富,缔造了古埃及文明。在尼罗河沿岸大大小小的金字塔就有70多座,犹如一篇篇浩繁的"史书",在这里蕴藏着人类文明的奥秘。

尼罗河发源于埃塞俄比亚高原,流经布隆迪、卢旺达、坦桑尼亚、乌干达、肯尼亚、扎伊尔、苏丹和埃及九国,全长6700千米,是非洲第一大河,也是世界上第二长的河流,可航行水道长约3000千米。尼罗河有两条上源河流,西源出自布隆迪群山,经非洲最大的湖——维多利亚湖向北流,被称为白尼罗河;东源出自埃塞俄比亚高原的塔纳湖,称为青尼罗河。青、白尼罗河在苏丹的喀土穆汇合,然后流入埃及。

尼罗河沿岸风光优美,自然景观和人文景观相得益彰。在下游的三角洲地区,尼罗河两岸一片苍翠,河面上缕缕雾气、阵阵微风和着茉莉花香拂面而来,沁人心脾。在开罗市区,尼罗河两岸大厦林立,树木葱郁,各种各样的花卉散发出浓郁的花香。尼罗河上七座大桥犹如七道彩虹飞架两岸,把古城的交通连接了起来。在开罗以南约13千米的尼罗河西岸,矗立着世界七大奇观之一的埃及金字塔,它至今还是未被完全揭开的人类之谜。在埃及南部的尼罗河畔,有著名的风景区阿斯尤特、世界上最负盛名的考古城市卢克索和世界闻名的绿城阿斯旺。卢克索附近古迹到处可见,有许多气势雄伟、扑朔迷离的神庙,

☆ 尼罗河带原始森林

埃及有将近1/6的文物是在该地区出土的。距阿斯旺城约10千米的著名的阿斯旺大坝，像空中花园似的悬架在尼罗河上，体积相当于大金字塔的17倍。大坝气势磅礴，犹如横跨在尼罗河上的一道巨大彩虹，被人们称为"堪与法老时代的金字塔并列的埃及世纪性工程"。

尼罗河谷和三角洲是埃及文化的摇篮，也是世界文化的发祥地之一。尼罗河在埃及境内长度为1530千米，两岸形成3千米～16千米宽的河谷，到开罗后分成两条支流，注入地中海。这两条支流冲积形成尼罗河三角洲，面积2.4万平方千米，是埃及人口最稠密、最富饶的地区，人口占全国总数的96%，可耕地占全国耕地面积的2/3。埃及水源几乎全部来自尼罗河。根据尼罗河流域九国签订的协议，埃及享有河水的份额为每年555亿立方米。

· 知识链接 ·

尼罗河和古埃及：

尼罗河流域是世界文明发祥地之一，这一地区的人民创造了灿烂的文化，在科学发展的历史长河中做出了杰出的贡献。突出的代表就是古埃及。流经埃及境内的尼罗河河段虽只有1350千米（全长6671千米），却是自然条件最好的一段，平均河宽800米～1000米，深10米～12米，且水流平缓。提到古埃及的文化遗产，人们首先会想到尼罗河畔耸立的金字塔、尼罗河盛产的纸草、行驶在尼罗河上的古船和神秘莫测的木乃伊。它们标志着古埃及科学技术的高度，同时记载并发扬着数千年文明发展的历程。

☆ 乘游艇一览尼罗河沿岸的自然景观

青少年探索·发现之旅

第四章
美 洲

  美洲不负其名,是一个美丽的大洲,夏威夷、格陵兰、黄石公园、科罗拉多大峡谷、尼加拉瀑布,哪一个名字不响彻世界,哪一个地方不是人们心驰神往的圣地?

育空地区——美丽到无法形容

育空地区的美丽让人流连忘返，育空河的碧波轻柔，极光的绮丽和梦幻，在夜晚的天空中闪耀着谜一样的光芒，那种美是无法形容的。

育空地区位于加拿大大陆的西北角，南部与不列颠哥伦比亚接壤，东部与加拿大西北地区接壤，西部与美国的阿拉斯加接壤。北部是鲍福特海，总面积48万多平方千米。这里还是加拿大的山区，多山带一直延伸到北美大陆的太平洋沿岸，山脉和山谷呈直线沿西北边界排列。总的来说，育空地区只是西部高地的一部分。马更些山脉从东部边界斜穿育空，一直绵延到西北地区。绵延的山脉之间是佩利、波丘派恩和育空三大高原，其中育空高原是最大的。它们都以区域内的河流命名，虽然育空地区仍留有冰川，但育空高原的大部分地区由于没受到最后一次冰川的影响，所以呈现出北美其他地区没有的独特景观。

育空地区属于亚北极气候，该地区气温高于10℃的气温不超过4个月，冬季寒冷且夜长昼短，夏季温暖晴朗，白昼长。在北极圈内，每年的6月21日太阳不落山，12月21日没有日出。气候的影响随地域的改变而有所不同，从北极聚集而来的冷空气笼罩着育空的北部地区，而北太平洋的适中暖湿空气则滋润着育空的西南地区。

育空河为北美洲主要河流之一，流经加拿大的育空地区中部和阿拉斯加中部。先往西北流，然后总的改为

☆ 育空地区的冰川

西南走向流过一个向下倾斜穿过阿拉斯加的地势较低的高原，注入白令海。无数的河源支流以半圆形环绕高山群流出，构成一个面积约85万平方千米的流域。这块比土耳其还要辽阔的土地以前只有北美印第安人居住，直到19世纪中期才有欧洲裔的人迁入该地区，开始时他们只做毛皮生意，后来则是寻找矿产财富。1896年育空河支流克朗代克河上发现金矿，吸引了大批的拓居者。也有一些人走得更远，他们通过库尔奇小径进入另一片冰天雪地——阿拉斯加。著名作家杰克·伦敦在他的小说中形象地描写了那个时代的风貌，他将育空河称为"母亲河"，将育空这片原始的土地当做他野性的源泉。

·知识链接·

加拿大北部地区：

加拿大北部是在地理和政治上定义的加拿大北部地区，通常包括育空、西北地区和努纳武特三个地区，都在北极圈附近，并包括北极点。由于加拿大人口集中在南部美加边境附近，所以传统上加拿大没有南部的概念与加拿大北部相对应，因为加拿大北部的定义通常与加拿大北极地区重合。

☆ 神奇的极光出现在育空地区的上空

野牛跳崖处——史前的牛塚

在艾伯塔省的西南部，人们发现了一个土著人的营房和坟地，里面存有大量的野牛骨骼，展示了6000年前北美土著人的习俗。他们利用对地形的熟悉和对野牛习性的了解，将牛群追赶到悬崖上杀死，然后在下面的营房里分割尸体……

北美野牛"死亡之涧"也叫做美洲野牛涧，坐落在加拿大西南部的艾伯塔省境内，东距麦克雪奥德堡19千米，南距老人河48千米。曾经是史前印第安土著居民最大的围猎场之一，是古代北美土著人的一个重要居住区。它反映了人类在社会早期创造的伟大的原始文化，这让每一个到过野牛涧的人都为古代土著人巧妙地利用大自然提供的一切有利条件求得生存的智慧和高超技能惊叹不已。

要说牛急跳崖处在北美大平原非常普遍，但是最大的、最古老的、保存最好的就是北美洲的"死亡之涧"了。"死亡之涧"只是北美土著追捕野牛设施的一部分，遗址整个包括聚集野牛的盆地、把野牛引向悬崖的巷道、野牛跳崖处和加工场所。几千年来，生活在北美的土著一直猎取野牛维持生活，因此他们的生活水平也越来越多地依靠狩猎技术的高低，在这个过程中他们发展了无数的狩猎技巧以获取生存所需的食物。其中最为复杂的狩猎技巧恐怕是在死亡之崖捕捉野牛，光是那设计精巧的追逐野牛的巷道，就足以让人感叹他们的智慧。

几千年来，美洲野牛是在北美大平原上居住的土著居民谋生的物质来源。因为，牛肉可以充饥，牛皮可以

☆ 北美野牛的死亡之涧

做成帐篷及衣服，牛粪可以生火取暖，牛的腱、骨和角可以制成工具。野牛跳崖处是印第安土著居民一个最大的围猎场。这个悬崖伸延约300米，最高点离崖底约10米，黑脚族人狩猎时会由跳崖以西3000米的豪猪群山上的牧草地把野牛赶往由数百个石标标示的"奔跑追逐小径"，最后赶它们全速跃下近10米高的悬崖。这些野牛的尸体便被放置在附近的营地进行处理。这个跳崖使用的历史已经超过5500年，崖底的野牛骸骨也有10米之深。

加工处理场是屠宰区下面18.25米处的一块平地，这里到处是动物残骸，人们在这里加工野牛。当年印第安人屠宰野牛后，野牛肉被切割成条状，为了便于保存，有的被晒干，有的被烟熏，因为该地缺盐，无法腌制。牛皮

制作成皮衣或帐篷，牛角则制成针、刀或杯子等。1938年起考古学家对这里进行了发掘，发现许多武器和工具，最多的是镞、木槌和锹等。这里遗留的一些土坑是专为贮存、燃煮食物而挖的，土坑周围有用野牛骨垒成的骨墙。

第一位考察此地的考古学家是美国自然历史博物馆的朱尼斯·博尔德，1938年开始他对此地进行第一次发掘。随后9年的发掘让我们对此地有了进一步的了解。聚集盆地位于悬崖的西边，是一处方圆40平方千米的积水盆地，是广阔的草场地带。盆地里有充足的水源和各种各样的青草，在冬天到来之前都是绿油油的。石块堆积在两旁，追逐巷道帮助人们将野牛逐向悬崖。现今仍可在盆地看到绵延14千米长的巷道，由无数小石堆标示着，悬崖西面10千米处有500多个石堆，人们在这里生火和编织毛毯，这些石堆还成为一条通向悬崖的小路。狩猎开始前，经过训练的年轻人会学走失的小牛的叫声来引诱牛群跟随自己，当牛群靠近了追逐巷道的入口处，年轻人会围在牛群后面，挥动长巾，大声叫喊，恐吓牛群。牛群跑至悬崖前往往收不住腿，随着惯性跌入崖底。

· 知识链接 ·

美洲野牛：

欧洲人到达美洲时，美洲野牛分布在北美洲大部分土地上，曾多达6000万头，是平原印第安人的经济支柱。后来向西迁徙的白人以任意屠杀美洲野牛为乐，许多印第安人与白人之间的矛盾即由野牛群的减少而引起。自然主义者为如此众多的野牛之惨死而扼腕。到1900年前后，美洲野牛已趋绝迹。

大雾山——朦胧的人间仙境

位于田纳西州与北卡罗林那州交界处的大雾山,以其自身的美丽吸引着众多游客,据统计每年大约有1000万游客来此观光,是美国吸引游人最多的国家公园。

大雾山位于美国东部北卡罗来纳州和田纳西州交界处的南阿巴拉契亚山脉中,大雾山大约是在更新世冰期末形成的,已有数百万年的历史。冰川令整个地区的气候变冷。寒冷的气候使得北方的常青树以及其他植物向南延伸,到达大雾山国家公园境内。

后来冰川北撤,这些森林也随之消失。由于大雾山高处阴凉潮湿,所以保存了部分森林。在大雾山公园,各处的标语都建议游客去一睹这个"容颜未改的世界"。

大雾山有25座海拔1800米以上的山峰,这些山峰阻挡了大冰川南行的脚步,所以在这里可以找到南北方的动植物。

大雾山茂密的森林和物种的多样性在很大程度上与地形有关,阿巴拉契亚山脉阻挡了远古的冰川,大雾山是阿巴拉契亚山系的一部分。这里生长着100多个树种以及1300多种开花植物。这片郁郁葱葱的原始林地像一块未经雕凿的美玉,寂静而持久地展示着自己的原始美貌。整个公园灌木丛生,因此,树林里产生了大量湿气,常年笼罩在山上,大雾山即因此得名。繁盛的树叶因呼吸作用产生大量的水蒸气和碳氢化合物,在天气温暖时,大雾山便弥漫着朦胧的薄雾。每天的不同时刻,山雾呈现出不同的景象。清晨,大雾充满整个山谷,只

☆ 动植物是大雾山最大的财富

有高处的山峰影影绰绰闪现于远方；中午，山雾变成了缕缕轻烟，缓缓地滑过山腰；日落时分，山雾又成了玫瑰色的云帘，映衬着夕阳下紫色的山岭。

大雾山森林覆盖率在95%以上。山中多变的地形地势为植被的生长演化提供了良好的环境，植物群落随着海拔高度发生明显的变化。山地的上部是以加拿大冷杉和云杉为主的针叶林；中下部以阔叶林为主；山麓地带，高大的栎树、松树、铁杉混杂。

大雾山的动物种类也同样丰富多样，这里共栖息着30种以上的哺乳动物，其中有著名的美洲狮和黑熊。爬行动物中有7种乌龟，8种蜥蜴，23种蛇类。山溪水流中还生活着70种本地鱼类。大雾山的两栖动物更是种类繁多，蝾螈就有27种，其种类之多堪称世界之最，其中的红腹蝾螈是仅存于大雾山的稀有动物。

由于土壤肥沃，兼之降水丰富，许多物种都是世界上绝无仅有的，而这里的地貌特征、生物演化和物种多样性都使这个公园成为令人瞩目的自然保护区。

· 知识链接 ·

阿帕拉契小径：

阿帕拉契小径是世界上最长的步行路径，从西南到东北将公园一分为二。小径始于乔治亚州的斯普林吉尔山，途经14个州，止于缅因州的卡塔丁山，全长3498千米。远足小径俱乐部负责维护沿途的住所和营地。1968年该小径被指定为"国家观光小径"。

小径穿越Cheoah山脉和南达哈拉国家森林，自南进入大雾山国家公园。园内的这段小径长112.6千米，从西南延伸到东北，几乎正好将公园一分为二。这段小径的大部分路程穿越远离人烟的原始荒野。从西南出发，小径从雷雨云山约1685米高的山顶附近穿过，沿着田纳西以及北卡罗来纳州交界处，穿越浓密的云杉和枞树林到达位于公园最高点——高约2024.8米的克凌曼山山顶的火警瞭望塔。站在瞭望塔上，天气适宜的时候可以纵览克凌曼山全景，还可以看到飞转的流云。

大沼泽地——和谐的生命栖息地

大沼泽地是世界上最大的淡水沼泽地之一，也是孕育无数生命的摇篮。无数种珍贵的动物在这里栖息、繁衍，谱写着大自然最和谐的乐曲。

大沼泽地是一片长约160千米，宽达80千米~120千米的沼泽区，占据了美国佛罗里达州南大部分地区。土著美洲人称大沼泽地为"帕里奥基"（即草河之意）。水从奥基乔比湖向南缓慢地流过大沼泽地，进入佛罗里达湾。

大沼泽地国家公园占地5687平方千米，这里的气候属热带、亚热带型，受东南信风影响强烈。月均温在17℃~28℃之间，但冬季偶尔会有霜冻。降水主要集中在每年的5月~10月之间。在此期间陆地几乎被一层水覆盖。但在旱季，水位下降并在沼泽地留下许多小水洼。

大沼泽地国家公园为石灰石的浅盆地。沼泽大部分为克拉莎草所覆盖，间有开阔的水域。陆地高度和水中盐度的微小变化形成了不同动植物的栖息地。佛罗里达湾入海口有海草覆盖且为鱼类的繁殖地。红树林也成了涉水鸟在淡水和海水交汇的潮汐地的繁殖场所以及觅食的场所。岸边的湿草区长有耐盐碱的肉质植物和网茅。硬木群落包括生长在小山坡上的热带树和温带树，在克拉莎草湿地和沼泽中形成岛屿，柏木或柳树的林冠也可以见到。以湿地松为主的松林地占据了干燥的隆起地带。

大沼泽地区的大部分地方都覆盖着一种叫锯齿草的芦苇，之所以这样称呼是因为这种草叶片的边缘有

一排细小而尖锐的锯齿。这里有许多小岛,岛上有树木和植物,如桃花心木、棕榈、蕨类、兰花和秋葵等,生长得如热带丛林一样茂密。

巨大的沼泽地得之于北美除五大湖外的最大湖泊——奥基乔比湖水的补给。湖水先渗入下层的石灰岩,然后通过一系列的蓄水层补给这片广阔的湿地。大沼泽地以浓密的、常见的原始草木为主,这些植物可以长到4米高,这儿还有品种繁多的兰花、蕨类和动物。在海岸带、淡水沼泽或沼泽地让位于只能根植于北美海岸湿地的、镶边状的红树林带。

在欧基求碧湖附近有茂盛草木腐烂生成的有机土壤,从互不相连的小块浅层土地到泥炭层和腐殖土堆积厚达2.4米~3米不等,最好的土壤是沿湖滨狭窄地带。

在这镶嵌拼合的生态环境下,许多动植物依赖一个以上的生态环境要素而生存,例如成群的鸟类以柏树和红树林为巢址,而在天然草地沼泽觅食。大沼泽地对鸟类是一个特别重要的地区,据记载这里有320种以上的鸟,包括红鹭,以及南方种的秃鹰等稀有飞禽。大沼泽地的鸢只吃蜗牛,用其适应性特强的、长长的、弯曲而尖突的嘴吸食蜗牛的肉。许多种食鱼类鸟也常出没于淡水沼泽,而沿海红树林的边缘栖居着玫瑰色阔嘴鸭、鹈鹕、树朱鹭、苍鹭和白鹭等。

· 知识链接 ·

沼泽动物:

沼泽地区栖息着320多种鸟类,可以说是鸟类的天堂。这里有涉禽,如白鹭、鹭、玫瑰红琵鹭和朱鹭鹳;滨鸟和水鸟,如燕鸥、鸻、秧鸡和鹬;食肉猛禽包括猫头鹰、隼和鹞;还有许多种类的鸣禽。大沼泽地以大量的短吻鳄而闻名;生活在该地区的其他动物还有红猫、白尾鹿、河狸、灰狐以及许多种蛇、蜥蜴和乌龟。该地区还为一些濒临灭绝的物种提供了栖息地,如海牛、佛罗里达豹、鹳、美洲鳄和数种海龟。

☆ 美国大沼泽地国家公园

夏威夷——浪漫海上花

夏威夷是太平洋上的一颗明珠。它东距美国旧金山3846千米，西距日本东京6200千米，距香港8890千米，是太平洋地区海空运输的枢纽。马克·吐温说："夏威夷是大洋中最美的岛屿，是停泊在海洋中最可爱的岛屿舰队。"

夏威夷群岛是由124个小岛和8个大岛组成。夏威夷海滩风光的新月形岛链，弯弯地镶嵌在太平洋中部水域，所以有"太平洋十字路口"和"美国通往亚太的门户"之称。它的陆地面积为16641平方千米，面积最大的是夏威夷岛，由5座火山组成，其中基拉维厄火山为世界活火山之最。冒纳罗亚火山每隔若干年喷发一次，炽烈的熔岩从山隙中缓缓流出，成为夏威夷的一大奇观。瓦胡岛是第三大岛，也是夏威夷政治、文化中心——首府檀香山所在地。

夏威夷地处热带，气候却温和宜人，经济以农业为主，主要产甘蔗和菠萝。渔业也是当地经济的重要组成部分。近年来，夏威夷的旅游业有了突飞猛进的发展，旅游业收入已跃居各业之首。

"夏威夷"一词源于波利尼西亚语。公元4世纪左右，一批波利尼西亚人乘独木舟破浪而至，在此定居，为这片岛屿起名"夏威夷"，意为"原始之家"。最早发现该群岛的欧洲人是西班牙的胡安·盖塔诺，而真正使夏威夷为世人所知的是英国航海家库克船长，他于1778年登上夏威夷群岛。

夏威夷波利尼西亚文化由七个不同的文化地域组成：萨摩亚、新西兰、斐济、夏威夷、玛贵斯、大溪地

☆ 风景迷人的夏威夷

和汤加。大地母亲帕帕和天空父亲哇凯阿生下了一大批分工不同的神灵，统管世界万物，而在夏威夷最为推崇的是火山爆发女神——斐蕾，因为波利尼西亚是太平洋中的群岛，都是由火山爆发形成，而还在活跃的活火山是在夏威夷群岛，斐蕾是真正属于夏威夷本土文化的神灵。

夏威夷是世界上旅游业最发达的地方之一。不过吸引观光游客的，并非名胜古迹，而是它得天独厚的美丽环境，及夏威夷人的热情、友善、诚挚。夏威夷阳光明媚，海滩迷人。晴空下，美丽的威尔基海滩，阳伞如花；晚霞中，岸边蕉林椰树为情侣们轻吟低唱；月光下，波利尼西亚人在草席上载歌载舞。夏威夷的花之音，海之韵，为游客们奏出一支优美的浪漫曲。

每年的6月，夏威夷人都会欢庆"卡美哈美哈国王日"，卡美哈美哈国王铜像上人们敬献的鲜花花环数不胜数，成为独特的一景，有的花环长达5.5米。

夏威夷大多数的近代火山活动均发生在基拉韦亚火山，它是第二高山冒纳罗亚山侧的一个辅助火山口。该火山口离海拔4170米的山顶约32千米。莫库阿韦奥的火山口深183米，占地面积10.4平方千米。最著名的喷发特征是壮观的熔岩喷泉，它将红热的

☆ 基拉韦亚火山

熔岩抛向高达90米的空中，喷岩偶尔可达503米高，蔚为壮观。

离开火山口的熔岩，就像一条深红色河流，温度达1100℃～1200℃。这条热流沿着山丘向下流动。熔岩的流动性很大，流动速度能达到每小时32千米以上。熔岩流经之处一切都是燃烧的，当熔岩流入大海时，还会不时发出爆炸声。类似的火山喷发给这个热带天堂中的旅游者带来惊心动魄的刺激感。

夏威夷人淳朴好客。当观光轮船接近夏威夷外海时，便有一大群热情如火的夏威夷女郎，驾着小舟靠近轮船，把一串串五颜六色的花环送给游客，同时大声喊着欢迎口号"阿罗哈"，充分表达她们最真挚的欢迎之情。阿罗哈是土语，一般解释为"欢迎、你好"等，是表示友好和祝福意思。"阿罗哈"还表示"我爱你"。

花环叫"蕾伊",夏威夷人总是手拿花环,熟人相见,欢迎或欢送客人,都要送花环,就好像我们见面握手一样。所以在夏威夷,你常常看见有人戴着一二十个花环。

说起夏威夷,人们就会想起草裙舞。传说中第一个跳草裙舞的是舞神拉卡。她跳起草裙舞招待她的火神姐姐佩莱。佩莱非常喜欢这个舞蹈,就用火焰点亮了整个天空。自此,草裙舞就成为向神表达敬意的宗教舞蹈。现在,它已经变成用尤克里里琴伴奏的娱乐性舞蹈,观赏草裙舞成了游客游览夏威夷的保留节目。

☆ 夏威夷两大象征——草裙舞和花环

·知识链接·

草裙舞与花环:

草裙舞与花环一样是夏威夷的又一大象征。独具特色的草裙舞一直以其古老的风韵、动听的乐曲、优美的舞姿和强烈的动感而闻名于世。草裙舞的表演形式多种多样,一个舞者可以表演,一队舞者也能表演。如今的夏威夷人就用这种载歌载舞的方式迎接远道而来的客人。然而,夏威夷人并非将其视为一项单纯的娱乐,一段草裙舞可能是在追忆历史、讲述传说、向神灵祈福或者赞颂当地的一位伟大首领。对于他们来说,草裙舞是无字的文学作品,是他们的生命和灵感,也是让外界了解他们的窗口。

格陵兰岛——冰冻的绿色土地

格陵兰岛是地球上最大的岛,岛宽1050千米,全岛85%的地面都被冰雪覆盖,岛上美景可以轻易地让你陶醉其中。宏大的冰山、峡湾、冰川以及那里的植物都会让你体会到大自然的神奇。

格陵兰在它的官方语言丹麦语的字面意思为"绿色的土地"。这块千里冰冻、银装素裹的陆地为何享有这般春意盎然的芳名呢?

关于格陵兰岛名字的来历有这样一个故事。相传大约是公元982年,有一个挪威海盗,他一个人划着小船,从冰岛出发,打算远渡重洋。朋友都认为他胆子太大了,都为他的安全捏一把汗。后来他在格陵兰岛的南部发现了一块水草地,绿油油的,十分可爱。回到家乡以后,他骄傲地对朋友们说:"我不但平安地回来了,我还发现了一块绿色的大陆(greenland)!"于是格陵兰变成为了它永久的称呼。

因为终年只有雪,没有雨,除西南沿海等少数地区无永冻层,有少量树木与绿地之外,格陵兰岛可以说是冰雪的王国。站在格陵兰岛你会有十足的"千里冰封,万里雪飘"之感。

全岛85%的地面覆盖着道道冰川与厚重的冰山。千姿百态的冰山与冰川成为格陵兰的奇景,对着它们展开丰富的联想,你会觉得自己一会儿置身于剑拔弩张的古战场,一会又到了万马奔腾的原野。格陵兰岛的冰块内含有大量气泡,放入水中,会发出持续的爆裂声,是一种非常好的冷饮剂,人们将其称为"万年冰"。这种冰既洁净,纯度又高,在炎热的夏日喝上一口"万年冰"是种难得的享受。格陵

☆ 格陵兰岛85%的地面是被冰川与厚重的冰山覆盖着

兰盛产"万年冰",冰层平均厚度为2300米,雄伟壮观,是现代仅次于南极洲的巨大的大陆冰川。

同时,因为格陵兰岛大部分处于北极圈内,所以格陵兰岛还会出现极地特有的极昼和极夜现象。越接近高纬度,一年中的极昼和极夜就越长。每到冬季,便有持续数个月的极夜,格陵兰上空偶尔会出现色彩绚丽的北极光,它时而如五彩缤纷的焰火喷向天空,时而如手执彩绸的仙女翩翩起舞,给格陵兰的夜空带来一派生机。而在夏季,则终日头顶艳阳,格陵兰成为日不落岛。这种极地才有的特殊现象也吸引了无数的人来到这里旅游。

格陵兰岛还是一个动物的天堂。东部海岸多年来堵满了难以逾越的冰块,因为那里的自然条件极为恶劣,交通也很困难,所以人迹罕至。这就使这一辽阔的区域成为北极的一些濒危植物、鸟类和兽类的天然避难所。

·知识链接·

北极熊:

北极熊是世界上最大的陆地食肉动物,又名白熊。按动物学分类属哺乳纲,熊科。雄性北极熊身长大约240厘米～260厘米,体重一般为400千克～750千克。而雌性北极熊体形约比雄性小一半左右,身长约190厘米～210厘米,体重约200千克～300千克。冬眠到来之前,由于脂肪将大量积累,它们的体重可达1000千克。北极熊的视力和听力与人类相当,但它们的嗅觉极为灵敏,是犬类的7倍,时速可达60千米,是世界百米冠军的1.5倍。

☆ 冰雪覆盖的格陵兰岛已经成了北极熊的天堂

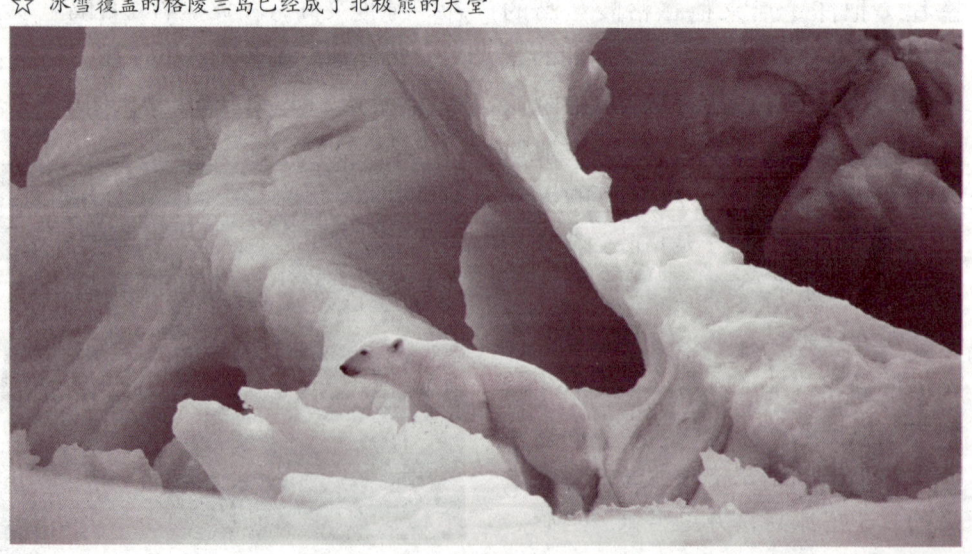

百内国家公园——蓝色的众峰

"百内"在印第安语里是蓝色的意思。百内公园全名"Torres delPaine",意为蓝色的众峰。进入公园,眼前错落的众峰,蓝色、绿色的湖水,憨态可掬的羊驼,吸引着每个来到这里的人们。也只有来到这里,你才会明白为什么印第安人将其奉为神山,美国《国家地理杂志》将其列为人一生中不能错过的50个地方之一。

隐藏于安第斯山脉南端的百内国家公园成立于1959年,它位于巴塔哥尼亚正中央,占地约1800平方千米。距首都圣地亚哥2500千米,被联合国授予"世界生物保护区"的称号。园内最壮丽的风景是位于与阿根廷交界处的国家冰川公园。这里天气多变,时而天空晴朗,时而多云有雨。

要参观冰川,须从离蓬塔不远的纳塔雷斯港出发,约半小时的路程,就会到达一个游人不可错过的洞穴——米罗登。去往冰川的路上,还可以欣赏到五颜六色的野花、碧蓝的湖泊和翠绿的河谷,以及覆满白雪的山峰。

公园内有固定的环形山路,也就是登山小径,供登山客稍作休息以探索百内国家公园。在崎岖不平的小径上跋涉是一睹百内河双塔庐山真面目的唯一方式。

百内的山峰壮观而奇异,既有陡峭的崖壁,也有银光闪闪的雪山,看起来像一副积了雪的巨大鹿角。如果是晴空万里的日子,不仅山顶熠熠

☆ 百内国家公园内银光闪闪的雪山

生辉，而且山脚下互不相连的湖泊也会显现着蓝和绿的不同色彩，煞是美丽。

百内公园也是南美洲著名的自然生态保护区。当地最常见的野生动物"Guanaco"是一种栗色羊驼，他们与其他羊驼不同，并不怕人。除此之外，若游人在冰河和森林里探险，还可以与狐狸、野兔等动物分享大自然。

·知识链接·

羊驼：

羊驼，属偶蹄目骆驼科，外形有点像绵羊，一般在高原生活，世界现有约300万只左右，约90%以上生活在南美洲的秘鲁及智利的高原上，其余分布于澳洲的维多利亚州以及新南威尔士州。

羊驼栖息于海拔4000米的高原。每群十余只或数十只，由1只健壮的雄驼率领，以高山棘刺植物为食。发情季节争夺配偶十分激烈，每群中仅容1只成年雄驼存在，妊娠期8个月，每胎1仔，春夏两季皆能繁殖。羊驼的毛比羊毛长，光亮而富有弹性，可制成高级的毛织物。

羊驼主要用作驼兽，有点类似驴子的作用。体型较大，大概是驼羊的两倍。羊驼尾部特征明显（尾巴比驼羊长），驼羊尾部基本看不到尾巴。

☆ 生长在公园里的栗色羊驼

黄石公园——视觉的盛宴

黄石国家公园占地9000多平方千米，位于怀俄明州的大片原始森林中。自然景观丰富多样，峡谷、瀑布、湖泊、间歇泉和温泉，还有丰富的野生动物，如灰熊、狼、麋鹿和野牛等。黄石公园建于1872年，是美国的第一个国家公园。

黄石公园位于美国西部爱达荷、蒙大拿、怀俄明三个州交界的北落基山之间的熔岩高原上，绝大部分在怀俄明的西北部。海拔最高处达2438米，面积8956平方千米。它成立于1872年。美国国会通过了成立黄石公园自然及野生动物保护区法案，公园的名称Minnetaree是从印第安人的文字mitsia-ad-zi而来的，而mitsia-ad-zi本身就是黄石河的意思。

1万多年前，黄石公园原是印第安人的狩猎区。公元1807年，随着刘易斯与克拉克探险队的远征及第一位进入黄石公园的白人约翰·寇特的探勘，黄石公园才得以呈现在世人面前。当寇特向他的朋友描述自己看到的黄石地热奇观，却没有人相信他，并被戏称为"寇特地狱"，这个名称后来也被用来称呼黄石公园。

黄石公园是一个风景迷人的地方，6000万年以来，黄石地区多次发生的火山爆发，构成了现在海拔2000多米的熔岩高原，加上3次冰川运动，留下了山谷、瀑布、湖泊以及成群的温泉和喷泉。大自然用水、火、冰、

☆ 黄石公园内的优美景观

☆ 温泉和间歇喷泉是黄石公园最富特色的景致

风在这里精雕细琢，东、西、北三面，山峰起伏崎岖，山与山之间有峡谷，道路坎坷，山岩嶙峋；河、湖、溪、泉、塘，大小瀑布，应有尽有，它们有的从云端直泻而下，有的自山谷奔流而出，有的从地下涌现。黄石国家公园还是动物的天堂，各种各样的野生动物都聚集在这里，是美国最大的野生动物庇护所。

温泉和间歇喷泉是黄石公园最富特色的景致。黄石公园中有温泉3000多个，有相当多的温泉水温超过沸水温度。这些泉水汇集在地表低洼处积水成池成潭。由于不同的泉水所含矿物质和藻类的不同，使这些池潭水在阳光照耀下各呈异色，十分迷人。

温泉中以猛犸温泉最为壮观，远远望去如座座冰雕，近观则像圆形玉石台阶。泉水从岩层渗出，沿着五级台阶逐级流淌，堆金积玉，晶莹剔透。台阶上有红、棕、蓝、绿的彩条，台阶四角被泉水冲洗成莲花瓣状，这些温泉让黄石公园显得珠光宝气。在黄石河与峡谷村之间的山谷里，还能看见泥火山，人们称之为泥泉或泥潭。泥火山喷出来的是泥浆，且潭内泥浆五颜六色，实为一大奇景，被人们称为"地球表面上最精彩、最壮观的美景"，"已超乎人类艺术所能达到的极限"。

间歇喷泉是黄石公园的又一美景，有300多处，喷水高度有的超过160米，"狮群喷泉"由4个喷泉组成，水柱喷出前发出像狮吼的声音，接着水柱射向空中；"蓝宝石喷泉"水色碧蓝；最著名的"老忠实泉"因有规律地喷水而得名。从它被发现到现在的100多年间，每隔33分钟～93分钟喷发一次，每次喷发持续四五分钟，水柱高40多米，从不间断。此外，喷射不止的"帝国喷泉""女巨人喷泉""堡垒喷泉""孤星喷泉"等等也别有风趣。

黄石公园的瀑布也非常壮观，例如高塔瀑布、火洞瀑布、彩虹瀑布、神仙瀑布、水晶瀑布和上下瀑布等，都是非常有名的瀑布。其中以位于峡谷村的上、下瀑布最著名。上瀑布高33米，而下瀑布比美加边界的尼亚加拉大瀑布高一倍多，达到了94米高。

黄石公园中最著名的黄石湖，是黄石国家公园里最大的湖泊，也是美国最大的高山湖泊，它长32千米，宽21.5千米，湖岸周长180千米。湖水平均深24米，最深处超过百米。湖边可见碧蓝的湖水清澄见底，大自然如此纯洁，使人感悟至深。美丽的白天鹅和众多的鸟，或栖息或游弋，好不自在。如镜之水，倒映着周边皑皑的雪峰和幽深的森林，虚虚实实两者难以分辨。

黄石公园中多峡谷景观，尤以黄石峡谷最著名。谷长4万米，深400米，宽500米，如科罗拉多大峡谷一样为北美最著名的峡谷之一。峡谷两壁岩石呈橙黄色杂以红、绿、紫、白多种颜色，五彩缤纷，蔚为奇观。而一种名叫黑曜岩构成的悬崖则如一面玻璃墙镶嵌在半空中。"玻璃悬崖"被日光照耀时，熠熠闪烁，光彩夺目。峡谷中还可见亿万年的森林——"石化森林"奇景。

· 知识链接 ·

黄石公园入选《受到威胁的世界遗产名录》的理由：

1. 公园东北边界外4千米处，计划采矿，将影响威胁公园。

2. 违规引入非本地物种——湖生红点鲑鱼与本地的刺喉鲑鱼竞争。

3. 道路建设与游人压力。

4. 野牛的普鲁氏菌病可能危害周边地区的家畜。

☆ 黄石国家公园里最大的湖泊——黄石湖

阿切斯岩拱——大自然的雕塑

阿切斯岩拱高耸在光秃秃的砂岩上,在阳光的照耀下发出铁锈色的光辉,吸引着游者兴奋的目光。

阿切斯岩拱是美国阿切斯公园的物质和精神支柱。阿切斯国家公园位于犹他州沙漠中,1971年11月12日设立。所谓"阿切斯",即指公园内到处林立的大小式样不一的2000多个石拱。它们形态各异,气象万千,是大自然最伟大的雕塑。

美国作家爱德华·阿比在看过了这伟大的自然景观后,在他所著的《沙漠中的宝石》中写道:放眼望去,荒野上密布着铁锈色的拱形砂岩和鳍状的山丘,这里是地球上最美丽的地方……正是这无数的石拱和上千座石柱,为美国犹他州荒原增添了缤纷的色彩。

那么这里拥有大量岩拱的原因是什么呢?原来科罗拉多高原的岩层由远古时代海底的沉积物组成,富含盐分。随着沉积物的日积月累,岩层受到的压力越来越大,慢慢发生形变。粉沙状的岩石开始像热油灰一样流动,较厚的岩石层逐渐变薄,而较薄的岩层则从地表隆起。尽管阿切斯地区雨量极少,但就是这有限的雨水,塑造了这里的地形——使凝结砂岩的黏合物分解。在冬季,岩层中的水受冷结冰而膨胀,使岩石颗粒和薄片脱落,出现了孔洞。随着时间的流逝,水、融雪、霜和冰渗入的侵蚀,使孔

☆ 阿切斯岩拱是大自然最伟大的雕塑

洞的面积进一步扩大。最后，孔洞中的大块石头脱落，石拱形成。

正是因为盐分的存在，阿切斯岩拱由风霜雨雪在山体上造成小坑洼开始，透穿成洞，扩大，成为一个美丽的石拱。最后它也会因风霜雨雪的侵蚀而崩落，化为尘土。这就是岩拱的一生。

·知识链接·

纤拱：

比较著名的风景纤拱，是世界最大的岩拱之一，它飞跨100米，高三四十米，顶部只有几尺薄，随时都可能坍塌。如果你来到这里，导游一定会这样跟你说："你见证着一个岩拱的垂暮，下次来访它也许就不存在了。"

☆ 风霜雨雪在石头上面留下了自己的痕迹

科罗拉多大峡谷——亿万年的寂寥

到大峡谷,第一眼就感受到从未有过的震慑和惊异:现代文明不断征服大自然的同时,仍然留下了如此壮丽的原始洪荒。用语言描绘大峡谷是十分困难的,只能在你亲临大峡谷后,用心灵去感知它的庄严、静穆和深邃,领略造物主赋予大峡谷的瞬息变幻和亿万年的寂寥。

科罗拉多大峡谷位于美国亚利桑那州西北部,是科罗拉多河经过数百万年的冲蚀而形成,峡谷色彩斑斓,峭壁险峻。在许多非权威版本的世界七大自然奇观列表上都有大峡谷的名字。

大峡谷总长44.6万米,平均深度有1600米,宽度从500米至2.9万米不等。科罗拉多高原抬升时,科罗拉多河及其支流切割层层沉积岩,由此形成了大峡谷。将近20亿年来的地质变迁史在这里一览无余。

亿万年来,奔腾的科罗拉多河从美国西部亚利桑那州北部的堪帕布高原中,切割出这令人震撼的奇迹——科罗拉多大峡谷,只要登高远望,就可以清楚看到坦如桌面的高原上的一道大裂痕,那就是科罗拉多河在这片洪荒大地上的印记。

在由板块活动引起的造山运动以及地壳隆起的共同作用下,沉积岩被抬高上千米,从而形成了科罗拉多高原。海拔的升高也导致了科罗拉多河流域降雨量的增加,但并未足以改变大峡谷地区半干旱的气候。随后的山体滑坡及其他块体移动又造成了河流的侵蚀种种的这些都倾向于加深、扩展干旱环境中的峡谷。

☆ 科罗拉多河在堪帕布高原中切割出了科罗拉多大峡谷

地壳隆起并不均匀,这就导致大峡谷的北岸比南岸高出300多米,并且科罗拉多河与南岸更靠近些。北岸高地降水量相对较高,几乎所有径流都流向大峡谷中;而南岸高地的径流则顺着地势向着背离峡谷的方向流去。这就加剧了峡谷的侵蚀,使科罗拉多河北岸的峡谷及其分支更快地拓宽。

大峡谷两岸都是红色的巨岩断层,大自然用鬼斧神工的创造力镌刻得岩层嶙峋、层峦叠嶂,夹着一条深不见底的巨谷,彰显出无比的苍劲壮丽。更为奇特的是,这里的土壤虽然大都是褐色,但当它在阳光照耀下,依太阳光线的强弱,岩石的色彩则时而是深蓝色,时而是棕色,时而又是赤色,总是扑朔迷离而变幻无穷,彰显出大自然的斑斓诡异。这时的大峡谷,宛若仙境般七彩缤纷、苍茫迷幻,迷人的景色令人流连忘返。峡谷的色彩与结构,特别是那气势磅礴的魅力,是任何雕塑家和画家都无法描摹的。

峡谷两壁及谷底气候、景观有很大不同:南壁干暖,植物稀少;北壁高于南壁,气候寒湿,林木苍翠;谷底则干热,呈一派荒漠景观。蜿蜒于谷底的科罗拉多河曲折幽深,整个大峡谷地段的河床比降为每千米1.5米,是密西西比河的25倍。其中50%的比降还很集中,这就造成了峡谷中部分

☆ 奔腾在科罗拉多大峡谷中的河水

地段河水激流奔腾的景观。正因为如此,沿峡谷航行漂流就成为引人入胜的探险活动。

· 知识链接 ·

峡谷动物:

在大峡谷中,有75种哺乳动物、50种两栖和爬行动物、25种鱼类和超过300种的鸟类生存。整个国家公园是许多动物的乐园。驯鹿是峡谷内最普遍的一种哺乳动物,并能很容易地从悬崖边缘观察到它们的身影。沙漠大盘羊生活在峡谷深处陡峭的绝壁上,在通常的游览路线中不易被发觉。体型中等或较小的山猫和山狗生活范围从绝壁边缘到河边无定所,国家公园中还有少量的山狮。小型哺乳动物包括浣熊、海狸、花果鼠、地鼠和一些不同种类的松鼠、兔和老鼠。两栖和爬行动物有种类繁多的蜥蜴、蛇、龟类、蛙类、蟾蜍和火蜥蜴。还有成百种不同的鸟类和数不清的昆虫和节肢动物在此处定居。

冰川国家公园——北美大陆的分水岭

冰川国家公园是一个奇特而美丽的自然风景区。有着崎岖高耸的山脉和许多冰湖，其中包括60千米长的阿根廷湖。在湖的远端三条冰河汇合处，乳灰色的冰水倾泻而下，像小圆屋顶一样巨大的流冰带着雷鸣般的轰响冲入湖中。

冰川国家公园位于美国蒙大拿州北部，与加拿大相毗连的国境线上。被称作"北美大陆分水岭"的落基山脉从北到南贯穿公园中心。公园占地4100平方千米，原是布莱福特部族的印第安保留地的一部分，1910年辟为国家公园。因这里有50余条冰川，故得名"冰川国家公园"。

冰川是由降落在高山的大量积雪在重力作用下凝为沿地面运动的巨大冰体形成。陡峭的纵壁，有棱有角的外形，是冰川的特征。在冰川国家公园中以布莱福特冰川最大，占地约4.8平方千米，位于海拔2440米的杰克逊山和布莱福特山北坡。哈里森冰川和庞普里冰川覆盖在南坡。这里也以其美如画卷的山峰闻名。位于公园北部3000多米高的克利夫兰山为最高峰。公园中超过3000米的还有金特拉峰、西耶山和斯廷森峰等。这里的山脊好像一把把利刃，那被冰河剥蚀得像金字塔似的峰峦，覆盖着皑皑的白雪，显得格外妖娆。地压将山峰上的岩石扭曲、折裂或者让它们倾斜了，形成一幅难以置信的叠层岩几何图形。每一岩层构成了一座平台，平台往往不足1米厚，雪花积贮其上，把整个山峰

☆ 冰川国家公园——滑雪者的度假天堂

点缀成了黑白相间的条纹模样。

每当冰雪消融之时，围绕着山峰的陡峭山谷呈现出优美的曲线，谷中溪流自几十米高处飞泻而下，有时水花四溅，被风吹散，不知所终。有的溪底倾斜，宛若地震之后被扭得曲曲弯弯的楼梯，溪水便沿着这倾斜的岩层，逐级而下，形成250多处大小不同的湖泊。最美的圣玛丽湖，长16千米，四周为群山环抱。马克唐纳湖，为最大湖泊，长约18千米，平均宽度2.5千米。急流湖为最小湖泊之一，坐落在一处风景绝美的地区中心。冰山湖，长仅0.8千米，位于海拔1830米，在炎天溽暑仍雪飘冰封的高山之上。阿瓦兰切盆地，像一座天然圆形

☆ 融化的冰雪已经变为流淌在山谷之中的溪流

剧场，山势雄奇险绝，四周陡壁高610米，背景天幕上悬瀑如练，红色西洋杉点缀，山色更见俏丽，山泉的鸣声使四周愈显清幽，为公园著名一景。

· 知识链接 ·

冰川国家公园是北美特有物种的大观园，有1000多种树木花草。在比较干燥的东部山坡上，恩氏云杉、亚高山冷杉、小干松、花旗松和大枝松苍劲挺拔，亭亭玉立。在气候较暖、比较湿润的西部山坡上，落叶松、冷杉和云杉茂密葱茏，郁郁苍苍。每到夏季，杜鹃和百合等野花争艳斗美，龙胆草和旱叶草等野草竞相生长，把威严的群山打扮得格外艳丽。冰川公园里动物种类也很多，有大角山羊、美洲豹、山狗、山猫、驼鹿、美洲大角鹿、黑熊、灰熊和白尾鹿等等。

的的喀喀湖——印第安人的圣湖

的的喀喀湖区域是印第安人培植马铃薯的原产地，印第安人一向把的的喀喀湖奉为"圣湖"。湖区周围群山环绕，峰顶常年积雪，湖光山色，风景十分秀丽，是世界上最美丽的地方之一。

的的喀喀湖是南美洲印第安人文化的发祥地之一，印第安人称之为"圣湖"。湖中有41个岛屿，其中，位于玻利维亚境内的太阳岛、月亮岛点缀湖中，两岛的岩石呈棕、紫二色，湖光岛色，交相辉映，格外美丽。

乘小游艇漫游的的喀喀湖，充满了神秘的色彩。当游艇缓缓前进时，你可以看到大片的倔强的香蒲冲破湖水，傲然挺立在湖面上，非常的怡人。在这一望无际的香蒲丛中还有纵横交错的水道，生活在湖上的乌罗人常常单人划着用湖中的芦苇和香蒲编织成的一种名叫"托托拉"的小船在水道上出没。

的的喀喀湖不同于世界上许多高山湖泊，它是淡水湖，适宜生物饮用。因此，湖中鱼虾众多，岛上水鸟密集。湖底和香蒲周围生长着茂密的水草，水中游鱼在此嬉戏。在香蒲丛

☆ 的的喀喀湖的美景

中觅食的野鸭，受到游艇的惊扰，咯咯咯地叫着飞向远方。

湖中有一种名叫"波科"的野鸭，两翅五彩缤纷，头呈墨绿色，而面颊雪白，像是淘气的小孩给自己脸上涂了厚厚的一层白粉，格外讨人喜欢。

这里曾有过美洲最早的文明之一。主要的遗迹位在湖南端玻利维亚境内的蒂瓦纳库。的的喀喀岛上的神庙遗址，按照印加人（秘鲁的克丘亚人，曾在公元1100年前后建立起一个帝国）的传说，是印加王朝的缔造者芒科·卡帕克和玛玛·奥柳被太阳神派遣到地球上来的著陆地。

· 知识链接 ·

的的喀喀湖的历史：

湖岸和岛屿上的许多遗迹证明，

尼亚加拉瀑布——水雾中的少女

举世闻名的尼亚加拉瀑布位于加拿大和美国交界的尼亚加拉河上，它以其宏伟磅礴的气势、丰沛浩瀚的水量而著称，是世界上七大奇景之一，更是北美最壮丽的自然景观。

尼亚加拉瀑布位于加拿大和美国交界的尼亚加拉河中段，号称世界七大奇景之一，与南美的伊瓜苏瀑布及非洲的维多利亚瀑布并称世界三大瀑布。它以宏伟的气势，丰沛而浩瀚的水汽，震撼了所有的游人。从伊利湖滚滚而来的尼亚加拉河水流经此地，突然垂直跌落50多米，巨大的水流以银河倾倒之势冲下断崖，声及数里之外，场面摄人心魄，形成了气势磅礴的大瀑布。

尼亚加拉瀑布位于加拿大与美国的交界处的尼亚加拉河上，河中的高特岛把瀑布分隔成两部分，较大的部分是霍斯舒瀑布，靠近加拿大一侧，高56米，长约670米；较小的为亚美利加瀑布，接邻美国一侧，高58米，宽320米。尼亚加拉瀑布及由它冲出来的尼亚加拉峡谷的形成有着特殊的地质条件，其中页岩不断被水流冲刷，使得瀑布在1842～1905年间平均每年向上游方向移动1.7米。美加两国政府为保护瀑布，曾耗巨资修建了一些控制工程，使瀑布对岩石的侵蚀有所减小。

因瀑布跨越加拿大与美国两国，在尼亚加拉河上筑有一座边境桥，又被称为彩虹桥，由美加两国共同分享。桥旁两国各自设立了海关，桥上也根据河内边界而划分，一端属于加拿大，一端属于美国。

为了让游客充分观赏瀑布并领略瀑布的磅礴气势，这里准备了各种丰富多彩的活动，其中尤以搭乘"雾中少女"号游船到尼亚加拉河上仰望瀑布这一游览项目最为有名。乘船码头在美国瀑布的正面，购票后先乘坐缆车到河边，然后每人凭票领取一件雨衣披上。游船先经过美国瀑布，然后开往加拿大瀑布，在这里可以很真切地感受到瀑布狂泻直下而产生的巨大水汽与浪花，水势汹涌有如千军万马,惊心动魄。游船只是略略靠近瀑布,船便被落下的水浪冲击得大幅摆动,乘船来此与其说是观赏瀑布,不如说是亲身体验瀑布,而游船穿梭于瀑布激起的千万层水汽中,从岸上看下去,真是如同"雾中少女"一般。

马蹄瀑布由于水量大,溅起的浪花和水汽有时高达100多米,人稍微站得近些,便会被浪花溅得全身是水,若有大风吹过,水花可溅很远,如同下雨,冬天时,瀑布表面会结一层薄薄的冰,那时,瀑布便会寂静下来。当阳光灿烂时,产生折射效果,便会呈现出一道甚至好几道七色的彩虹。见过大瀑布彩虹的人很久都不会忘记它的魅力,因为在那一刻,人们体味到了什么是壮阔恢宏、瑰丽多姿。

· 知识链接 ·

狄更斯的赞美:
19世纪英国著名作家狄更斯来尼亚加拉瀑布游览之后,深受震撼,在他的《美国札记》中描绘道:"我们走过瀑布地区的每个角落,从不同角度观赏瀑布……即使特纳在其全盛时期创作的最好的水彩画,也未能表现出我所能看到的如此清灵,如此虚幻,而又如此辉煌的色彩。我感到我自己像是腾空飞起,进入天堂……

"那深不可测的水国坟墓里,永远有着浪花和鬼魂,巨大得无物可与伦比,强悍得永远不受降伏。在宇宙还是一片混沌,黑暗还覆盖着水面时,在漫天的巨浸——洪水——以前的另一个漫天巨浸——光还没有遵从上帝的命令而弥漫宇宙的时候,就在这里庄严地呈异显灵……

"尼亚加拉瀑布,优美华丽,深深刻上我的心田;铭记着,永不磨灭,永不迁移,直到她的脉搏停止跳动,永远,永远。"

☆ 在阳光的照耀下,尼亚加拉大瀑布出现了道道彩虹

化石林——绚丽的斑斓魅影

化石林可谓千姿百态，绚丽动人，"碧玉森林""水晶森林""玛瑙森林""黑森林"，光是这些称呼就足以让人目眩，这世界上最大最美的化石林向世人展现着它的别样风情。

世界上最大、最绚丽的化石林集中地是美国的化石林国家公园，它位于亚利桑那州北部阿达马那镇附近。数以千计的树干倒卧在地面上，平均宽度0.9米～1.2米，长18米～24米，最长达37.5米。在完整的树干周围，还有许多零散破碎的木块。这些石化的树木，年轮清晰，色彩艳丽，就像大块碧玉与玛瑙之间夹杂着一片碎琼乱玉似的，在阳光下熠熠发光，使人叹为观止。

最美丽的是"彩虹森林"，还有"碧玉森林""水晶森林""玛瑙森林""黑森林"和"蓝森林"等。这里遍布五彩斑斓、犹如镶金叠玉的石化树木，年轮清晰，纹理斐然，在阳光下闪闪发光。它们原是史前林木，约在1.5亿年前的三叠纪年代，由于洪水冲刷裹带，逐渐为泥土、沙石和火山灰所掩盖，几经地质变迁，沧海桑田，陆地上升，使这些埋藏池下的树干重见天日。可是其水质细胞，经历矿物填充和改替的过程，又给溶于水中的铁、锰氧化物染上黄、红、紫、黑和淡灰诸色，这就成了今天的五彩斑斓、镶金叠玉的化石树。园内还有几处印第安人废墟和重建的供游人参观的印第安人村落、史前时期的飞狮石刻和有宗教及部族象征意义的图案。园内有羚羊、山猫、郊狼、响尾蛇等野生动物以及丝兰花、百合、仙人掌、紫苑等植物。

☆ 被石化的树木

在零星散落的彩色化石岩林中，有一处景致不可错过，那就是长200米，名为"蓝色弥撒"的环行路两侧山坡的迷人景色。从路中向下俯视，蓝紫色的山丘高矮起伏，营造出一种身处外星球的奇异梦幻的色调。

但是不管游客如何喜爱那些琳琅满目的可爱岩片，采撷一两片带回家去却是绝对不允许的。据说，在最早一批探险家发现化石林之前，岩石晶体的颜色还要丰富得多。后来，随着人们纷沓而至，将晶体开采后运出园外，当时一些很常见的颜色，像半透明的紫水晶色、烟白色、柠檬黄色的晶体，现在已经见不到了。

☆ 化石林国家公园中印第安人的遗址

·知识链接·

三叠纪：

三叠纪（Triassic）是2.5亿至2亿年前的一个地质时代，它位于二叠纪（Permian）和侏罗纪（Jurassic）之间，是中生代的第一个纪。三叠纪的开始和结束各以一次灭绝事件为标志。虽然这段时间的岩石标志非常明显和清晰，其开始和结束的准确时间却如同其他古远的地质时代无法非常精确地被确定。其误差在正负数百万年。

三叠纪的名称是1834年弗里德里希·冯·阿尔伯提起的，他将在中欧普遍存在的位于白色的石灰岩和黑色的页岩之间的红色的三层岩石层统称为三叠纪。今天，三叠纪被分成更多亚层。

标志三叠纪的典型的红色砂岩说明当时的气候比较温暖干燥，没有任何冰川的迹象。今天科学家一般认为当时在两极没有陆地或覆冰。因为当时地球上只有一个大陆，因此当时的海岸线比今天要短得多，三叠纪时遗留下来的近海沉积比较少，只有在西欧比较丰富。因此三叠纪的分层主要是依靠暗礁地带的生物化石来分的。

由于三叠纪以一次灭绝事件开始，因此其生物开始时分化很厉害。六放珊瑚亚纲是这时候出现的，第一批被子植物和第一种会飞的脊椎动物（翼龙）可能也是这时候出现的。

猛犸洞穴——西半球的奇观

猛犸洞以古时候长毛巨象猛犸命名,猛犸洞国家公园是世界自然遗产之一。猛犸洞穴内随处可见奇珍异景,神鬼莫测,仿佛来到另一个世界。

大自然鬼斧神工,造就了不少杰作。现已发现的世界上最大的洞穴是美国的猛犸洞穴,它被誉为西半球奇观。

猛犸洞穴坐落在肯塔基州中部的路易斯维尔南约160千米处,占地264平方千米。这里,生长着茂密的森林,蜿蜒曲折的格林河和诺林河流贯其间。猛犸本指一种现在已经绝种的长毛巨象,这里用来形容洞穴体积庞大,与猛犸原意无关。洞穴分布在五个不同高度的地层之内,由255座溶洞组成,最下一层低于地面110多米,合计长度有252千米。

猛犸洞中石笋林立,钟乳多姿,造型神奇,不可名状。洞内还有两个湖、三条河和八处瀑布。最大的回音河,宽3米~8米,深1.5米~3米,游人可乘平底船循河上溯800米。河中有奇特的无眼鱼——盲鱼,这种无色水生动物长约0.12米,体无鳞片。洞中还有甲虫、蝼蛄、蟋蟀等盲目生物。

传说1799年,猎人罗伯特·霍钦在追逐一只受伤的野熊时,无意中发现了这个洞穴。但后来在洞中又发现了鹿皮鞋、简单的工具、用过的火把和干

☆ 猛犸洞中林立的石笋与多姿的钟乳

尸等，这说明史前的印第安人早就知道这个洞穴了。1812年第二次英美战争期间，这里是开采硝石的矿场。战争结束后，成为公共游览场所。为纪念因考察这个洞而献身的探险家柯林斯，公园内的中心水晶洞叫做柯林斯水晶洞。

·知识链接·

猛犸：

猛犸（学名：Mammuthus），古脊椎动物，哺乳纲，长鼻目，真象科，最著名的种类是真猛犸象，即长毛象。猛犸的生活年代约1万1千年前，源于非洲，早更新世时分布于欧洲、亚洲和北美洲的北部地区，可以适应草原、森林、冻原雪原等环境，少数种类如真猛犸披有长毛，有一层厚脂肪可隔寒，夏季以草类和豆类为食，冬季以灌木、树皮为食，以群居为主。最后一批猛犸象大约于公元前2000年灭绝。

猛犸洞和猛犸没有任何关系，不过取其大之意而已。

☆ 猛犸洞外部景致

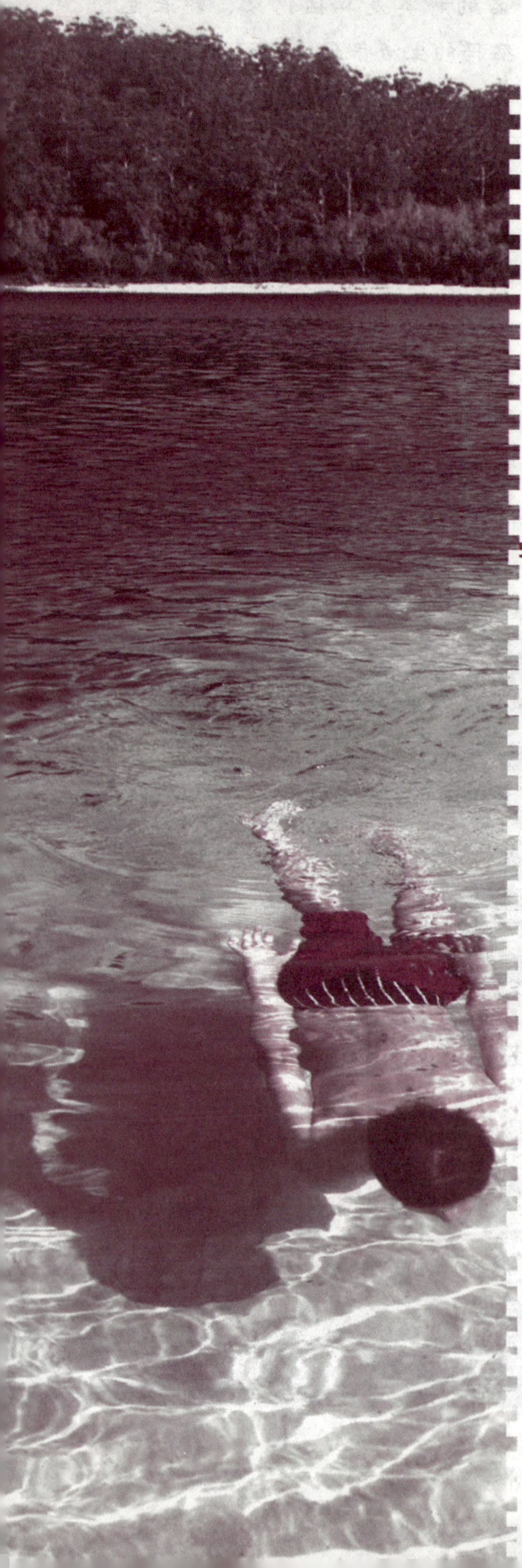

青少年探索·发现之旅

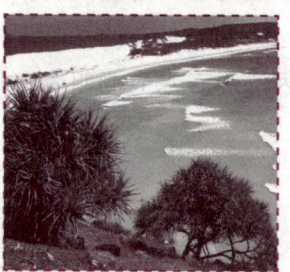

第五章 大洋洲

这是世界上最小的一个洲，也是除南极洲外人口最少的一个洲，但它却是最绿的一个洲。这里的森林面积为总面积的9%。草原面积占总面积的50%以上。这里是树袋熊、袋鼠的家乡，这里有洁白的沙滩、清澈的海水，这里就是大洋洲。

昆士兰——海滩雨林和蓝天艳阳

有"阳光之州"美称的昆士兰州是澳大利亚著名的旅游度假胜地。这里气候温暖、阳光明媚。如果你到过澳洲,你就会明白阳光对于澳洲人的意义,他们常说:"阳光是属于澳洲人的。"他们对于阳光的热爱程度往往让其他国家的人望尘莫及。

昆士兰州地处澳大利亚东北部,享有澳大利亚"艳阳之州"的美誉。夏日平均气温25℃,冬日平均气温15℃,昆士兰人即使在冬季也能享受到更多的阳光和温暖,这造就了昆士兰人独特的休闲生活方式。

在昆士兰,昆士兰人会说:"阳光是属于昆士兰的!"没错,如果非要在整个澳洲找出一个阳光最灿烂的地方,那非这里莫属,这里是南回归线穿越的地方,是澳洲的阳光之都。

昆士兰州是澳大利亚著名的旅游度假胜地。这里气候温暖、阳光明媚。其东部沿海更分布着众多美丽、迷人的旅游景区,如:布里斯班市、黄金海岸、阳光海岸、佛雷泽海岸地区、摩羯座海岸地区、惠森迪海岸地区、北昆士兰海岸地区、大堡礁国家公园等等。

布里斯班是昆士兰省的省会,著名的"树熊之都",澳洲第三大城市。其地理位置得天独厚,处于南回归线稍南。这里长年累月都是亚热带气候,全天平均日照7.5小时,故又有"艳阳之都"的美誉。

到市内游览,千万不可错过的是前世界博览会会场的南岸公园,它是享受布里斯班亚热带气候的最佳去处。园内有建在棕榈树沙滩旁的游泳池、完善的烧烤及郊游设施。园内还经常有精彩的街头表演,甚至有"正宗推拿按摩"。每逢周六或周日,园内开设跳蚤市场,旅游者可以一面搜购地道的特色纪念品,一面尽情体会当地的生活情趣,园中的岗得瓦纳雨林保护区,栖息着种类繁多的鸟类、爬虫类和澳洲独特的小动物。昆虫蝴蝶馆,保证你眼界大开。

黄金海岸是举世驰名的度假胜地,由数十个沙滩组成,延绵42千米。这里地处亚热带，终年阳光普照。首尾相接的海滩形成一条金黄色的玉带，景观壮丽。

海底世界、菠萝园、努萨海滩等著名的旅游景点即坐落于此。区内还有众多的国家公园。

· 知识链接 ·

黄金海岸：

黄金海岸位于昆士兰州布里斯班以南78千米处，是澳大利亚的假日游乐胜地，被人们称为冲浪者的天堂。最具特点的是分布着众多富有趣味的主题乐园，比较有名的有华纳电影世界、海洋世界及梦幻世界等。

☆ 在桉树上觅食的考拉

弗雷泽岛——人间天国

弗雷泽岛绵延在澳大利亚东海岸,是世界上最大的沙岛。高大的热带雨林的雄伟残迹就矗立于沙土之上。从沙滩望向岛内,可看到世界上一半数量的淡水沙丘湖。能移动的沙丘,热带潮湿的森林和湖泊,构成了这个岛屿独一无二的景观。

弗雷泽岛绵延于澳大利亚昆士兰州东南海岸,面积1620平方千米,是世界上最大的沙岛。高大的热带雨林的雄伟残迹就矗立于这片沙土之上。移动的沙丘、彩色的砂石悬崖、生长在沙地上的雨林植物、清澈见底的海湾与绵长的白色海滩,构成了这个岛屿独一无二的景观。

弗雷泽岛是个天国,这里雨量异常充沛,地下形成一个巨大的淡水池,沙丘之间还有40多个澄澈的淡水湖,相信每个躺在湖边纯白沙滩上的人都会想:就这么躺一辈子也不会觉得无聊。

弗雷泽岛是由数百万年前大陆南方的山脉受风雨剥蚀而形成的。风把细岩石屑刮到海洋中,又被洋流带向北面,慢慢沉积在海底。冰河时期海面下降,沉积的岩屑露出海面,被风吹成大沙丘。后来海面回升,洋流带来更多的沙子。植物的种子被风和鸟雀带到岛上,并开始在湿润的沙丘上生长。植物死后形成了一层腐殖质,使较大的植物可以扎根生长,沙丘便被固定住了。现在,全岛均是金黄色的沙滩和沙丘。有些地方耸立着红色、黄色和棕色的砂岩悬崖。砂岩悬崖被风浪冲刷成锥形和塔形的岩柱。

☆ 人间天国——弗雷泽岛

☆ 碧蓝的麦克肯兹湖是游泳者的天堂

弗雷泽岛年降雨量可达1500毫米。因此在岛下形成了一个巨大的淡水地，蓄水量约2000万立方米。沙丘之间还有40多个淡水湖，其中包含了世界上一半的静止沙丘湖泊，这大大促进了沙丘植物的兴衰循环。布曼津湖，这个世界上最大的静止湖泊是弗雷泽岛最美丽的地方之一。

弗雷泽岛上有淡水湖泊、彩色的砂石悬崖，生长在沙地上的雨林植物、清澈见底的海湾与绵长的白色海滩，这里绝对是一个美丽的天堂。

弗雷泽岛的最显著特点就是砂岩。它有1840平方千米面积，是世界上最大的砂岩岛，地质学家勘探考证弗雷泽岛应是澳洲大陆砂岩台地的一部分，已有80万年历史了。弗雷泽岛砂岩大都呈红黄褐等色，像是被火烧过一样。岛上的树木花草，有的就长在砂岩石上，令人诧异不已。砂岩，是砂级颗粒的岩化的堆积物。据介绍，沉积石英岩一般与浅海碳酸岩石和页岩石共生。

最美丽壮观的要数凯瑟德尔岩，砂岩高230米，在中午明媚的阳光照射下，高高低低的岩壁像是一座色彩斑斓的屏风，闪耀着七彩光芒，使人如入梦幻，如坠仙境。倘若在拂晓时分来看，它会呈现出特有的美姿：从海面上缓缓升起的朝阳，由淡淡的光华逐渐变成万道光芒，在它映照下的高大砂岩，随着阳光的强烈色彩也愈加强烈，万紫千红，斑斓耀眼。

瓦比湖是岛上最深的淡水湖。湖水碧蓝剔透，宁静无波，湖对岸的茂密高大的树木映在湖水中，简直如油画般沁人肺腑。这湖水，这蓝天，这阳光，这沙丘，实在诱人。一群群鲶鱼在人的身旁游来游去，悠然自得。弗雷泽岛上，麦克肯兹湖和布玛金湖也非常著名。尤其是麦克肯兹湖很受旅游者的喜爱，因为它广袤得不见边际，湖水碧蓝，来这里的游泳者最多。这些淡水湖里的水，未受任何污染，可以说是世界上最纯净的自然水。而湖水与岸边的细沙，据说还有一种特殊功能，可以将珠宝银器洗得晶莹透亮。

弗雷泽岛上生长的植物种类之多

令人称奇，从低矮的苔藓类植物到高大的雨林植物在这个岛上都有生长。自然而然，这些雨林和林地为很多动物提供了家园。超过300种原生野生动物生活在这个岛上，其中鸟类数量最多。弗雷泽岛的高潮与低潮之间有大片的海滩，这些海滩为过往的迁徙水鸟提供了最好的中途栖息地。

这里还可以看见似乎只应属于天国的生物，比如罕见的克鲁拉绿蛙，以及绿色、黄色的雉鹦哥。红绿色的金猩猩鹦哥居然是以花和蜜作为食物——真是甜蜜而华丽的丛林精灵。每年的8月到10月，弗雷泽岛附近的海面上，还常常能看到巨大的座头鲸喷出的水柱，以及它们跃出海面时的快活样子。

岛上的哺乳动物也很多，但这里却是澳洲野狗在澳大利亚东部的唯一栖息地。这里的一些动物很少有天敌，特别是地鹦鹉和大地穴蟑螂。

· 知识链接 ·

弗雷泽岛的环境保护：

弗雷泽岛自从1992年被联合国教科文组织列入《世界自然遗产名录》以来，澳大利亚政府更加注意保护岛上的自然环境资源，现在凡有意在岛上过夜，或自带车辆上岛巡游的，均须事先申请，并获得批准，缴纳费用，全部用于维护该岛的自然环境及改善旅游设备。岛上的一半面积已划为国家公园。在弗雷泽岛上，环保是人人有责的事，这里实行垃圾不落地政策。凡来岛上的旅客，均被要求参加爱惜地球的活动：对使用过的物品，统统分门别类装入不同的垃圾桶，协助回收纸张、塑料制品、玻璃瓶、铝罐等物。最后，岛上的垃圾集中后一起由飞机运走。

☆ 跃出水面的座头鲸

蓝山山脉——蓝色的精灵

蓝山其实是一系列高原和山脉的总称,因为蓝山上种植着不少桉树,树叶释放的气体聚积在山间,形成一层蓝色的薄雾,蓝山因此得名。蓝山卡通巴附近,怪石林立,有三姐妹峰、吉诺兰岩洞、温特沃思瀑布、鸟啄石等天然名胜。蓝山还以其丰富的土著文化遗产享有"艺术名城"之美誉。

蓝山山脉是澳大利亚南部新南威尔士州一处著名的旅游胜地。蓝山山脉位于悉尼以西约65千米处,是澳大利亚东南部的新南威尔士州一处旅游胜地,它从东向西倾斜,东部最高点海拔1070米,西部山峰高360米~540米。蓝山峰峦陡峭,涧谷深邃,山上生长着大量桉树。桉树为常绿乔木,树干挺拔,木质坚硬,含有油质,可提取挥发油,其自然挥发的油滴,在空气中经阳光折射呈现出蓝光,所以山脉因而得名"蓝山"。

蓝山山脉是澳大利亚东部最高的山脉,山区系三叠纪块状坚固砂岩积累而成,这里怪石嵯峨,曾经是欧洲移民向西推进的障碍。1813年欧洲人布拉斯兰·劳森历经艰险从卡通巴附近跨越山区到达内地,当时在入山处种植了纪念树,至今此树残干尚存,是拓荒者现存的遗迹之一。

蓝山山区的吉诺兰岩洞经亿万年地下水流冲刷、侵蚀而形成,雄伟绮丽、深邃莫测。洞中有洞,主要有王洞、东洞、河洞、鲁卡斯洞、吉里洞、丝巾洞及骷髅洞。1838年由欧洲

☆ 蓝山山脉总是蒙着一层蓝色的雾

人发现，约在1867年被新南威尔士州政府列为"保护区"。洞内钟乳石、石笋、石幔在灯光的照射下闪烁着耀眼的光芒，十分美丽。王洞中的钟乳石又长又尖，向下伸展，与石笋相接。河洞中的巨大钟乳石形成"擎天一柱"，气势非凡；石笋巍峨似伊斯兰教寺院的尖塔，庄严肃穆。鲁卡斯洞的折断支柱，鬼斧神工，均为大自然奇观。

蓝山山脉由三叠纪块状坚固砂岩积累而成，曾经是当时欧洲移民向西推进的障碍。蓝山山脉地区拥有1.03万平方千米的砂岩平原，陡坡峭壁和峡谷，这里溪谷幽深狭长，溪流经年累月地冲刷砂岩，形成了一个个竖直的缝道。很多溪谷深达50米，但入口宽度却不到1米，往往抬头只见一线蓝天，但下到深处却会发现别有洞天。这些包裹在山腹中的溪谷里藏有瀑布、深潭、岩洞、隧道和各种珍奇漂亮的动植物。这里有114种具有地域特征的植物和120种国家稀有植物及濒危植物。在蓝山还发现了几种进化的古代遗留物种。

琴鸟是蓝山山脉的一道独特景观，也是澳大利亚特有的动物。雄性琴鸟的尾巴羽毛酷似古时候西方的一种乐器——竖琴，因此人们把这种鸟称为琴鸟。

琴鸟以雄琴鸟的艳丽尾羽而著名。但雄琴鸟表明自己所占的领地和吸引异性的炫耀行为，也同样精彩。雄琴鸟往往会因地制宜，就地取材，用林地上的废物堆成小丘，作为自己的表演舞台。琴鸟一面展尾开屏，亮出羽毛漂亮的银色底面，一面发出嘹亮的鸣叫声，并随着自己的旋律，载歌载舞。一只雄琴鸟所占领地，有时竟达方圆200多米。在领地内建造表演舞台，可多达十多个，它会轮流去表演一番。雌琴鸟用树枝和苔藓建造圆顶的巢穴，内壁以树皮纤维筑成，然后再铺上一层羽毛。

琴鸟聪明伶俐，又异常美丽，能歌善舞。它们可以惟妙惟肖地模仿上百种声音，不但能模仿各种鸟类的鸣叫声，还能学人间的各种声音。如

汽车喇叭声、火车喷气声、斧头伐木声、修路碎石机声及领号人的喊叫声等。一般来讲，雄琴鸟在这方面的本领略胜雌琴鸟一筹。可以说，几乎没有什么声音是琴鸟不能模仿的。琴鸟深得澳大利亚人的喜爱，被澳大利亚定为国鸟。

·知识链接·

澳大利亚蓝山山脉：

世界上有多条山脉都叫蓝山山脉。而澳大利亚的这一处蓝山山脉气候宜人，曲径逶迤。位于山城卡通巴附近的贾米森峡谷之畔的三姊妹峰是蓝山山脉的一处胜景。

☆ 蓝山山脉已经成为澳大利亚南部新南威尔士州一处著名的旅游胜地

大堡礁——海上的奇葩

大堡礁由400多种绚丽多彩的珊瑚组成,造型千姿百态,堡礁大部分没入水中,低潮时略露礁顶。从上空俯瞰,礁岛宛如一颗颗碧绿的翡翠,熠熠生辉,而若隐若现的礁顶如艳丽花朵,在碧波万顷的大海上怒放。

大堡礁位于澳大利亚东北部昆士兰省对岸,是一处延绵2000千米的地段,它纵贯蜿蜒于澳大利亚东海岸,全长2011千米,最宽处161千米。南端最远离海岸241千米,北端离海岸仅16千米。

大堡礁是世界上最大的珊瑚礁区。早在1770年,发现澳洲大陆的库克船长,在笔记中将大堡礁描述为"垂直耸立于深不可测海洋中的一面巨大的珊瑚墙"。最南端的珊瑚礁在弗雷泽岛以北,距离昆士兰海岸线200千米。大堡礁由数千个相互隔开的大小礁体组成,其中较著名的有格林岛等。许多礁体会在海水低潮时浮出水面或稍被淹没,有的形成沙洲,有的则环绕岛屿或镶附在大陆岸边。

大堡礁属热带气候,主要受南半球气流控制。由于这里自然条件适宜,无大风大浪,成了多种鱼类的栖息地。不同的月份还能看到不同的水生珍稀动物,让游客大饱眼福。

珊瑚群平时大部分隐在水中,只有低潮时略露礁顶。各色的珊瑚礁以鹿角形、灵芝形、荷叶形或海草形在海底扩展美丽的身躯。这里分布有400余种不同类型的珊瑚礁,其中包括世界上最大的珊瑚礁。约有350种珊瑚虫与水母有亲缘关系,每个珊瑚虫的嘴周围长着一圈触须,从海水中吸取碳酸钙,变成石灰质的外壳,无数外壳累积起来便成为珊瑚礁。

在大堡礁群中,色彩斑斓的珊瑚礁有红色的、粉色的、绿色的、紫色的和黄色的。它们的形状千姿百态,有的似开屏的孔雀;有的像雪中红梅;有的浑圆似蘑菇,有的纤细如鹿茸;有的白如飞霜,有的绿似翡翠;有的像灵芝……未可名状,形成一幅千姿百态、奇特壮观的天然艺术图画。

白天在珊瑚礁阴影下的水中一片

沉寂,但夜晚各种动物都纷纷出来活动。珊瑚虫在夜间觅食,伸出彩色的触须捕食浮游微生物。无数珊瑚虫的触须一齐伸展,宛如鲜花怒放,但白天不能伸出触须,否则会遮住虫黄藻需要的阳光。

· 知识链接 ·

大堡礁与生物:

大堡礁堪称一座天然的海洋博物馆。以格林岛为例,它是珊瑚断裂堆积形成的礁盘。与大陆岛屿不同,对于植物而言,礁盘是贫瘠的。当风、海浪或海鸟将植物的种子带到礁盘上,种子必须扎进礁盘上富有营养的沙子中才能成长。慢慢地,沙地上长出植物,植物又吸引了鸟的栖息,鸟为沙地带来更多养分和种子。周而复始,礁盘上才生长出越来越多的植物。作为神奇复杂的水中结构,大堡礁也是1500多种鱼、359种硬珊瑚、世界上三分之一软珊瑚、近8000种软体动物以及大量海洋动物和海鸟的家。

☆ 大堡礁美丽的珊瑚群

塔希提岛——太平洋上的明珠

塔希提是属于南太平洋的一个岛屿，这里四季温暖如春、物产丰富。衣食无忧的人们常常无所事事地望着大海凝思，这种忧郁或是悠闲的状态一般都要维持一整个下午。天亮时，阳光跟着太平洋上吹来的风一同到来，海水的颜色也由幽深到清亮。住在那里的人们管自己叫"上帝的人"。

塔希提岛是南太平洋上的波利尼西亚的一个主岛，也是波利尼西亚最大的岛屿和旅游胜地。它是一个"8"字形的火山岛，由两个火山高地组成，陆地面积1042平方千米。

塔希提岛阳光明媚，气候宜人，一派绮丽的热带风光，被誉为"太平洋上的明珠"和"世界乐园"。岛上山清水秀，绿草如茵，到处是成林的棕榈树、椰子树、芒果树、面包树、鳄梨树、露兜树、香蕉树、木瓜树，热带水果四季不断。

岛的中部悬崖陡峭，峡谷幽深，海拔2237米的奥雷黑纳山在岛上拔地而起，高耸入云，飞瀑从峭壁上泻下，直落入碧潭之中，溅起珠辉玉丽。几条小溪从山上蜿蜒流下，分成几路注入太平洋。沿岸，一排排屋顶镀锡的茅草房点缀在绿荫之中，在阳光的照射下熠熠闪光，别有风味。

岛上多海滨浴场，海滩优良，适于游泳、泛舟和休息，好像是热带人间仙境。在这里游客还可以乘坐玻璃底的游艇，观赏海底的珊瑚礁和珍奇鱼群。

· 知识链接 ·

名人与塔希提岛：

1761年英国航海家瓦利斯登上了塔希提岛，法国航海家布甘维尔和英籍库克船长接踵而来。以后，塔希提岛以其迷人的风光和异国情调吸引了许多西方游客，其中包括文学家梅尔维尔、史蒂文森、杰克·伦敦和画家高更等知名人士。

岩塔沙漠——沙漠里的孤独守望者

岩塔沙漠位于澳大利亚西南部,这片沙漠十分荒凉,人迹罕至。沙漠中林立着无数塔状孤立的岩塔,像一个个寂寞的孩子,苍凉地立在风中,经受着千年风霜的洗礼。

岩塔沙漠位于澳大利亚西部的西澳首府伯斯以北约250千米处,在临近澳大利亚西南海岸线的楠邦国家公园内。这片沙漠荒凉不毛,人迹罕至。岩塔沙漠因沙漠中林立着无数塔状孤立的岩石而得名。

科学家估计这些岩塔的历史有2.5万～3万年。有些石柱的底部发现黏附着贝壳和石器时代的制品。贝壳用放射性碳测定,大约有5000多年历史。这些尖岩可能在6000多年前已被人发现。但是这些岩塔后来又被沙掩埋了数千年,因为在当地土著的传说中没有提到过这些岩塔。

暗灰色的岩塔高1米～5米,矗立在平坦的沙面上。往沙漠腹地走去,岩塔的颜色由暗灰色逐渐变成金黄。有些岩塔大如房屋,有些则细如铅笔。岩塔数目成千上万,分布面积约4平方千米。

每个岩塔形状不同,有的表面比较平滑,有的像蜂窝,有的岩塔酷似巨大的牛奶瓶散放在那里,等待送奶人前来收集,还有一簇名为"鬼影",中间那根石柱状如死神,正在向四周的众鬼说教。其他岩塔的名字

☆ 沙漠中林立无数孤立的岩塔

也都名如其形，例如叫"骆驼""大袋鼠""白齿""门口""园墙""印第安酋长"或者"象足"等。虽然这些岩塔已有几万年的历史，但肯定是近代才从沙中露出来的。在1956年澳大利亚历史学家特纳发现它们之前，外界似乎对此一无所知，只是口头流传。早期的荷兰移民曾经在这个地区见过一些他们认为类似城市废墟的东西。

· 知识链接 ·

岩塔的形成：

在冬季多雨，夏季干燥的地中海式气候下，沙丘上长满了植物。植物的根系使沙丘变得稳固，并积累腐殖质。冬季的酸性雨水渗入沙中，溶解掉一些沙粒。夏季沙子变干，溶解的物质结硬成水泥状，把沙粒黏在一起变成石灰石。腐殖质增加了下渗雨水的酸性，加强了胶黏作用，在沙层底部形成一层较硬的石灰岩。植物根系不断深入这层较硬的岩层缝隙，使周围又形成更多的石灰岩。后来，流沙把植物掩埋，植物的根系腐烂，在石灰岩中留下一条条缝隙。这些缝隙又被渗进的雨水溶蚀而拓宽，有些石灰岩风化掉，只留下较硬的部分。沙一吹走，就露出来成为岩塔。岩塔上有许多条沙痕，记录了沙丘移动时的沙层厚度及其坡度的变化。

波拉波拉岛——最性感的小岛

在全世界岛屿中,恐怕没有一处能像塔西提的波拉波拉岛那样令人赞叹惊艳。近海湖区有色彩斑斓的活珊瑚与无数环游其间的热带鱼,岸上沙滩细致、洁白如雪,偶有赤道微风轻拂,明亮的阳光洒在南太平洋上,不同层次的海蓝与顶级度假饭店的白色洋伞,让波拉波拉岛成为欧美观光客心中最无忧无虑的热带天堂。

波拉波拉岛位于南太平洋塔希提岛西北270千米,是法属波利西亚的活动中心。全岛只有10千米长、4千米宽,环岛一周也只有32千米。

300多万年前,波拉波拉岛从海中升起,成为一座巨大的火山,周围生长着一圈珊瑚。珊瑚虫从热带浅海吸收钙质,生成石灰外壳,逐渐形成珊瑚礁。随着海底板块冷却,火山开始下沉,但珊瑚礁继续上长,形成了岛中心周围的珊瑚环礁和中间的潟湖。随着时间的推移,火山完全沉没,只留下珊瑚环礁围绕着潟湖。

美国作家詹姆斯·A·米切纳称社会群岛中的波拉岛是"世界上最美丽的岛屿"。他的小说《南太平洋故事》就是以这个岛屿作为背景的。对许多人来说,波拉波拉岛是地球上的天堂。

一座双峰火山的遗迹耸立在该岛中部。奥特马努山现高725米,在火山喷发毁去其山顶之前,它曾隆起波拉波拉岛底之上达5400米。这座长期熄灭的火山如今覆盖着浓密的绿色森林。

美丽的青绿色潟湖环绕在小岛周围,有一条沙坝将潟湖与大海分隔

☆ 波拉波拉岛成为欧美观光客心中最无忧无虑的热带天堂

开。沙坝之外是堡礁,几乎呈完美圆形,并点缀着称为"莫图"的小沙岛。

· 知识链接 ·

英皇公园:

如果问波拉波拉本地人,哪一处是观看柏斯全景的最佳地点,相信大家都会不约而同地表示:"去英皇公园,那里离市中心不过几分钟的路程。"

位于伊利莎山顶,占地约1.6平方千米的英皇公园,有着非常优雅开阔的公园绿地,丰富的鸟类生态,以及广布西澳独特的野花,这是每一位来到柏斯的访客必须前往体验的地点。颇有情趣的是,这里的动物根本不怕人类,即使走到它们身边,也不会惊慌失措地四处奔走。

☆ 被绿色森林覆盖的双峰火山

【青少年探索·发现之旅丛书】

◎ 出版策划　藏书堂文化
◎ 责任编辑　宋永军
◎ 文稿提供　永佳世图
◎ 封面设计　红十月设计室
◎ 图片提供　全景视觉
　　　　　　图为媒
　　　　　　上海微图网络科技有限公司